中高职一体化衔接系列教材

煤液化生产技术

李洪林　主编　　段树斌　副主编　　齐向阳　主审

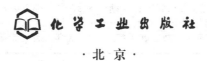

·北京·

本书结合我国煤化工发展的实际，在对煤的性质及用途、煤的液化方法、液化用煤的选择及煤液化技术的发展概况概要介绍后，系统地介绍了煤直接液化技术、煤间接液化技术、煤液化主要设备以及典型岗位的技能操作和煤液化产物的深加工与副产物的综合利用技术。

本书可作为中职、高职高专应用化工技术专业（煤化工方向）、煤化工专业的学习教材，也可作为煤化工生产企业技术管理人员、生产操作人员的培训教材和学习参考资料。

图书在版编目（CIP）数据

煤液化生产技术/李洪林主编. —北京：化学工业出版社，2016.6（2023.2重印）

中高职一体化衔接系列教材

ISBN 978-7-122-26744-3

Ⅰ.①煤⋯ Ⅱ.①李⋯ Ⅲ.①煤液化-职业教育-教材 Ⅳ.①TQ529

中国版本图书馆 CIP 数据核字（2016）第 072838 号

责任编辑：张双进	文字编辑：向　东
责任校对：王　静	装帧设计：王晓宇

出版发行：化学工业出版社（北京市东城区青年湖南街13号　邮政编码100011）
印　　装：北京捷迅佳彩印刷有限公司
787mm×1092mm　1/16　印张9　字数209千字　2023年2月北京第1版第5次印刷

购书咨询：010-64518888
售后服务：010-64518899
网　　址：http://www.cip.com.cn
凡购买本书，如有缺损质量问题，本社销售中心负责调换。

定　　价：25.00元　　　　　　　　　　　　　　　　　　　版权所有　违者必究

前言

随着工业化快速发展，我国对能源的需求不断增加，我国已成为能源生产和消费大国，一半以上石油需求依靠进口。而我国煤炭的储量比较丰富，充分利用我国丰富的煤炭资源，大力开发煤液化（又称煤制油）技术是缓解我国一次能源结构中原油供应不足的措施之一。煤液化是将煤炭经过直接液化或间接液化的化学加工，转化成洁净的、便于运输和使用的液体燃料及其他液体化学品的过程，是一种先进的洁净煤技术。随着石油储量的逐渐减少，可以预见在未来的一定时期，煤液化生产的液体燃料将要替代石油炼制生产的液体燃料。我国煤炭储量相对丰富，发展煤液化技术对摆脱石油大量进口，以及保障我国经济持续发展和能源安全都有着重大意义。

本教材是根据教育部中职高职一体化衔接教材建设精神，结合我国煤液化生产技术的发展现状和应用实际，以满足煤化工及应用化工技术专业教学需要所编写的，同时也可作为煤化工及相关专业技术人员的培训用书。

本教材结合我国煤化工发展的实际，系统地介绍了煤直接液化技术、煤间接液化技术、煤液化主要设备以及典型岗位的操作、煤液化产物的深加工与副产物的综合利用技术等。教材共分4章，其中第一章由李洪林、王欣羽编写；第二章由李洪林、段树斌编写；第三章由李洪林、卢中民编写；第四章由李洪林、张梦露编写，唐出负责外文参考资料收集和翻译及资料编整等工作。全书由李洪林统稿，由齐向阳主审。

在教材编写过程中，参考了大量的相关专著和资料，在此向其作者表示衷心感谢，同时还要对为本教材提供技术资料的企业和老师、在出版过程中给予支持和帮助的单位和有关人员表示深深的谢意。

由于煤液化技术涉及的专业面宽、技术新、参考资料多，限于编者的水平和能力，不妥之处在所难免，恳请读者批评指正。

编者
2016年5月

目　录

第一章　煤液化基础　1

第一节　煤的性质及用途 ··· 1
　一、煤的结构 ··· 1
　二、煤的性质 ··· 6
　三、煤的用途 ·· 10
第二节　煤的液化方法 ·· 11
　一、煤的直接液化法 ·· 11
　二、煤的间接液化法 ·· 12
　三、煤液化工艺的选择原则 ······································ 14
第三节　液化用煤的选择 ·· 15
　一、直接液化煤种的选择 ·· 15
　二、间接液化煤种的选择 ·· 17
第四节　煤液化技术的发展概况 ·································· 18
　一、煤直接液化技术发展概况 ···································· 18
　二、煤间接液化技术发展概况 ···································· 19
　三、我国发展煤液化技术的战略意义 ······························ 20
　四、煤液化技术的发展趋势 ······································ 20
本章小结 ·· 22
复习思考题 ·· 22

第二章　煤直接液化生产技术　24

第一节　煤直接液化机理 ·· 24
　一、煤液化过程中的化学反应 ···································· 24
　二、煤加氢液化反应历程 ·· 30
　三、煤直接液化的基本原理 ······································ 30
　四、影响加氢液化的因素 ·· 30
第二节　煤直接液化催化剂 ······································ 34
　一、煤加氢液化催化剂种类 ······································ 34
　二、催化剂在煤加氢液化中的作用 ································ 37
　三、影响催化剂活性的因素 ······································ 38
第三节　供氢溶剂 ·· 40

一、供氢溶剂的作用 ··· 40
　　二、供氢溶剂的种类 ··· 41
第四节　煤直接液化典型工艺 ·· 41
　　一、德国 IG 工艺和 IGOR 工艺 ··· 41
　　二、美国 EDS 工艺和日本 NEDOL 工艺 ··· 45
　　三、美国 HTI 工艺 ·· 48
　　四、前苏联 FFI 工艺 ·· 49
　　五、神华煤直接液化工艺 ·· 50
第五节　煤直接液化初级产品及其提质加工 ·· 54
　　一、煤直接液化初级产品（液化粗油）的性质 ································ 54
　　二、液化粗油提质加工研究 ··· 56
　　三、液化粗油提质加工工艺 ··· 58
第六节　煤直接液化的主要设备 ··· 62
　　一、煤直接液化反应器 ··· 62
　　二、煤浆预热器 ··· 66
　　三、高温气体分离器 ··· 68
　　四、减压阀 ··· 70
　　五、高压换热器 ··· 71
实践项目　煤直接液化装置操作 ·· 72
　　一、冷态开车 ·· 72
　　二、操作参数和操作条件调整 ·· 74
　　三、装置的正常停车 ··· 75
本章小结 ·· 76
复习思考题 ··· 77

第三章　煤间接液化生产技术　　78

第一节　费托（F-T）合成原理 ·· 78
　　一、F-T 合成反应 ·· 78
　　二、F-T 合成反应机理 ·· 79
　　三、F-T 合成的产物分布 ··· 83
　　四、F-T 合成的影响因素 ··· 84
第二节　F-T 合成催化剂 ·· 85
　　一、常见 F-T 合成催化剂及其特性 ··· 85
　　二、F-T 合成催化剂的还原 ·· 87
　　三、F-T 合成催化剂的失活、中毒和再生 ······································ 87
第三节　典型 F-T 合成工艺 ··· 88
　　一、工业上煤间接液化主要合成技术 ··· 88
　　二、工业上典型 F-T 合成工艺 ·· 89

三、F-T 合成新工艺开发 ································· 103
　第四节　煤间接液化主要设备 ································· 104
　　一、气固相固定床催化反应器 ································· 104
　　二、气固相流化床反应器 ································· 106
　　三、鼓泡淤浆床（浆态床）反应器 ································· 107
　　四、几种反应器的比较 ································· 109
　实践项目　煤间接液化装置操作（脱硫工段操作规程） ································· 110
　　一、工艺简介 ································· 110
　　二、工艺技术指标 ································· 110
　　三、岗位职责 ································· 111
　　四、正常操作 ································· 111
　　五、开、停工操作 ································· 112
　　六、特殊操作 ································· 113
　　七、岗位安全规程与设备维护保养 ································· 114
　本章小结 ································· 115
　复习思考题 ································· 116

第四章　煤液化产物的深加工与副产物的综合利用技术　　117

　第一节　甲醇制烯烃 ································· 117
　　一、MTO 工艺原理 ································· 117
　　二、主要影响因素 ································· 120
　　三、MTO 装置生产工艺 ································· 123
　第二节　尿素的生产 ································· 127
　　一、尿素的性质和用途 ································· 127
　　二、尿素生产原理 ································· 128
　　三、CO_2 气提法制取尿素生产工艺 ································· 129
　第三节　煤液化残渣的利用 ································· 132
　　一、残渣的成分 ································· 132
　　二、直接液化残渣特性 ································· 133
　　三、残渣利用研究与技术开发 ································· 134
　本章小结 ································· 136
　复习思考题 ································· 137

参考文献　　138

第一章
煤液化基础

教学目的及要求 通过对本章的学习，了解煤的形成、分类、组成及性质；掌握煤液化基本方法特点；熟悉煤液化发展概况和我国发展煤液化的意义，为后续深入探讨煤液化技术打下良好基础。

煤液化技术是指以煤为原料制取汽油、柴油等动力燃油和其他化学品的技术。煤液化过程纷繁复杂，既有化学变化又有物理变化，其生产工艺与煤的特性密切相关。

第一节 煤的性质及用途

一、煤的结构

(一) 煤的分类

从不同角度划分，煤可分为很多种类，在此只阐述与煤液化相关的分类方法。

2009年6月，国家标准局发布《中国煤炭分类》(GB 5751—2009)，依据干燥无灰基挥发分 (V_r)、干燥无灰基氢含量 (H_r)、黏结指数 (G)、胶质层最大厚度 (Y)、奥亚膨胀度 (b)、煤样透光性 (P)、煤的恒湿无灰基高位发热量 ($Q_{GW}^{-A,GN}$) 等分类指标，将煤分为无烟煤、烟煤和褐煤。其中烟煤又细分为长焰煤、不黏煤、弱黏煤、1/2中黏煤、气煤、气肥煤、1/3焦煤、肥煤、焦煤、瘦煤、贫瘦煤和贫煤。

1. 分类原则

煤类的代表符号用煤炭名称前两个汉字的汉语拼音首字母组成。如焦煤的汉语拼音为 jiao mei，则代表符号为 JM。

煤类的数码由两位阿拉伯数字组成。十位上的数字按煤的挥发分分组，无烟煤为0，表示 $V_r \leq 10\%$；烟煤用1~4，低挥发分烟煤 $V_r > 10\% \sim 20\%$、中挥发分烟煤 $V_r > 20\% \sim 28\%$、中高挥发分烟煤 $V_r > 28\% \sim 37\%$、高挥发分烟煤 $V_r > 37\%$，数码越大，煤化程度越低；褐煤用5，表示 $V_r \leq 37.0\%$。十位上数字表示的意义与煤的种类有关，不同煤类意义不同。无烟煤中个位上的数字表示煤化程度，由1到3煤化程度依次降低；烟煤个位上的数字表示黏结性，不黏结或微黏结煤 GR.L 为 0~5、弱黏结煤 GR.L>5~20、中等偏弱黏结煤>20~50、中等偏强黏结煤>50~65、强黏结煤>65，由1~6黏结性依次增强；褐煤个位上的数字 (1和2) 表示煤化程度，数字大煤化程度高。

2. 煤变质程度

煤变质程度是指在温度、压力、时间及其相互作用下，煤的物理、化学性质变化的程度。煤在变质过程中，其物理特征、化学组成和工艺性能等均呈有规律的变化。因此，通过测定煤的挥发分 (V)、镜质组反射率 (R)、碳含量 (C)、氢含量 (H)、水分 (M)、发热量（Q）等煤级指标（亦称煤化作用参数），可确定煤的变质程度或煤化程度。

煤级参数中的镜质组反射率是公认可以更准确地确定煤的变质程度（对低煤化程度煤可辅以荧光性的测定）的，因为它不受煤岩成分、灰分和煤样代表性的影响，受还原程度的影响也较小。一般以镜质组最大反射率（R_{max}）小于0.5%的煤定为褐煤，大于2.5%的为无烟煤，介于两者之间的为烟煤。

通常以煤的类别表示其变质程度或煤化程度，如以褐煤为未变质煤，长焰煤-气煤为低变质（程度）煤，气肥煤、肥煤和焦煤为中变质（程度）煤，瘦煤、贫煤、无烟煤为高变质（程度）煤。也有人将瘦煤划为中变质的煤。以镜质组反射率划分的煤变质阶段也是以工业类别表示，如褐煤处于变质阶段0，长焰煤相当于变质阶段1，以此类推。但是煤的类别是测自煤的平均煤样，而煤的各种显微组分在煤化过程中的变化并不是同步的，所以说煤的类别受煤岩成分和还原程度的影响，有时同一变质程度的煤可能被划归气肥煤、肥煤、焦肥煤或焦煤，严格地说，煤的类别只是在煤岩成分无显著差别的情况下，才能近似地代表煤变质程度和煤化程度。

(二) 煤的组成与结构

1. 煤的主要组成元素

煤中的元素很多，不同煤种所含元素种类不尽相同，各种元素的含量也有差异。

碳是煤中最主要的元素，是煤中构成烃类化合物的骨架，主要以芳香环形式存在于煤分子主体结构中。碳可分为芳香碳和脂肪碳两大类，芳香碳原子占总碳原子分数定义为芳碳率，俗称芳香度（farC）。褐煤和烟煤的芳香度在0.7～0.8，典型无烟煤的芳香度在0.9以上，脂肪碳中有脂环碳、烷烃中的碳、芳香环上烷基侧链中的碳和含氧官能团中的碳等。

氢也是煤中有机质的主要元素，可分为芳香氢和脂肪氢两大类，芳香氢原子占总氢原子的分数定义为芳氢率（farH），同一种煤的芳氢率小于芳碳率，褐煤和烟煤的芳氢率在0.3以下，无烟煤超过0.5。煤炭中的氢含量与煤化程度及成煤原始物质密切相关。

其次，氧、硫、氮等元素也在煤中少量存在。氧、硫为同族元素，存在形式相似，主要以各种官能团或芳香族结构、脂肪族结构及脂环族结构形式存在。

此外，铁、铝、钙、镁、硅等元素是煤中无机质的组成元素，煤液化时主要留存在固相残渣（即煤灰）中。

2. 煤的岩相组成

(1) 宏观方法　宏观方法即用肉眼或放大镜来观察煤。仅凭外观可以把煤分成镜煤、亮煤、暗煤和丝炭。镜煤最光亮、颜色最黑，常具有垂直裂纹，易碎成立方形小块，在煤层中呈条带状或透镜状分布；亮煤光泽比镜煤稍差，颜色也比镜煤浅一些，也有许多内生裂纹，具有一定的脆性；暗煤光泽暗淡，黑色或灰黑色，致密坚硬，很少裂隙，断口粗糙；丝炭类似木炭，丝绢光泽，有时为纤维状，多孔、质软、污手。

(2) 微观方法　微观方法煤即用显微镜来观察煤。岩学中把显微镜下可以辨认的构成煤的不同有机组分称为显微组分。国际上通用的烟煤显微组分的分类是将其分成镜质组、惰质组和壳质组三类。每一类在显微镜下还可以分成若干个显微组分。

煤的显微组分与煤的宏观类别的关系是：镜煤主要是镜质组，亮煤是镜质组和壳质组的混合物，暗煤是壳质组和惰质组的混合物，丝炭主要是惰质组。

煤的不同显微组分是成煤植物残体在不同的聚积环境下经过不同的泥炭化过程而形成的。

镜质组由植物残体受凝胶化作用而形成。植物残体的木质纤维组织浸没在水下受厌氧微生物的作用，逐渐分解形成无结构的胶态物质，再经过漫长的煤化作用阶段，即形成镜质组。

惰质组是由丝炭化作用形成的。植物残体的木质纤维组织先暴露在空气中，处于氧化环境下，细胞腔中的原生质很快被好氧微生物破坏，而细胞壁相对较稳定，仅发生脱水而残留下来。由于地质条件的变化，堆积环境转变为还原性，残留物不再继续破坏，从而形成具有一定细胞结构的丝炭。另外，也有一部分丝炭来源于森林火灾留下的木炭，称为火焚丝炭。

上述两种作用可以交替发生，处于凝胶化过程的植物残体可进入丝炭化阶段，处于丝炭化过程的植物残体也可以进入凝胶化阶段。这就形成了半丝质体、微粒体等显微组分（它们均归入惰质组）。

壳质组也称为稳定组。与上述两类显微组分不同，它是由植物残体中的树皮、树脂、孢子和角质层等形成的，所以一般在煤中的含量较少。

3. 煤的结构特征

研究表明，煤的基本结构可以描述为：煤是高分子化合物的复杂混合物，每个高分子化合物的缩合程度各不相同，构成煤的高分子化合物的基本结构单元彼此也不一样，这不仅明显地表现在不同成煤阶段的煤中以及同一成煤阶段不同显微组分上，即使是同一成煤阶段的煤或同一显微组分的分子中间，其缩合程度和基本结构单元也不可能相同。

煤分子中的基本结构单元是由芳香族结构、脂肪族结构以及脂环族结构组成的。此外，还有醚型的氧（或硫）在基本结构单元之间以氧（或硫）桥的形式存在。也可以说，煤分子的基本结构单元由两部分组成，规则部分的缩合环结构称为核，在核的周围有各种侧链和官能团，为不规则部分。

基本结构单元中的芳香环结构有单环的苯环、双环的萘环、三环的菲环和蒽环，还有四环和五环以上的缩合环的形式；脂环结构既有与芳香环一起缩合的结构存在的，又有单独存在的；而脂肪族结构是指结合在芳香环或脂环上的那些以侧链存在的烷基。

(1) 煤分子中的桥键　联系煤结构单元之间的桥键有以下四类：

① 亚甲基键：—CH_2—、—CH_2—CH_2—、—CH_2—CH_2—CH_2—等；

② 醚键和硫醚键：—O—、—S—、—S—S—等；

③ 亚甲基醚键：—CH_2—O—、—CH_2—S—等；

④ 芳香碳-碳键。

它们在不同煤中并不是均匀分布的，在年轻烟煤和褐煤中，长的亚甲基键和亚甲基醚键较多；而在中等变质程度以上的烟煤中，则以—CH_2—、—CH_2—CH_2—和—O—为主。

煤的结构单元通过这些桥键形成分子量大小不均一的高分子化合物。它们的数量与煤的分子大小有直接关系，并与煤的工艺性质有密切联系。因为这些键在整个煤的分子中属薄弱环节，比较容易受热或化学试剂作用而裂解，在煤的直接加氢液化反应中，桥键的断裂起到关键作用。不过目前还没有一种方法能定量测定这些桥键的数量，它们的热稳定性也互有区别。

（2）煤分子中的交联键 交联键指的是高分子之间形成网状或空间结构时，在某些点相互键合或连接的化学键或非化学键。交联后分子的相对位置固定，故聚合物具有一定的强度、耐热性和抗溶剂性能。交联不但可发生在分子之间，也可发生在分子内部。交联键有两类：

① 化学键 主要是—C—C—键和—O—键，它们与前述桥键的化学性质基本相同，但其稳定性低于桥键；

② 非化学键 为范德华力和氢键力，年轻煤以氢键力为主，而年老煤则以范德华力为主。

（3）煤的化学结构 由于煤是由结构复杂的大分子物质构成的混合物，而且由于成煤的原始物质不同、煤化时间不同、煤化环境条件等因素不同，形成煤的元素多少、含量高低以及分子结构也不尽相同，人们为获知煤的分子结构做了很多努力，提出了几十种理论或模型，但到目前为止只能得到统计学概念下的煤分子结构。

煤的分子结构模型如图 1-1 所示。煤是由通过 C—C 键直接连在一起的带有脂肪侧链的大的芳环和杂环的核所构成的，其中有含氧官能团和醚键。

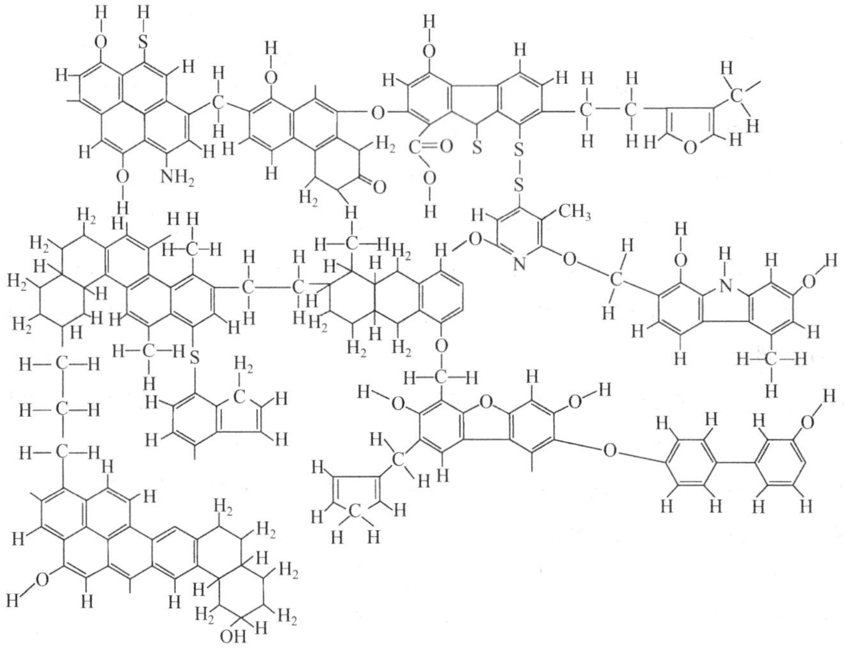

图 1-1 煤的分子结构模型（希尔化学结构模型）

虽然各种模型理论描述的煤分子结构各有不同，但已经证明，煤分子中的基本结构单元是由芳香族结构、脂肪族结构以及脂环族结构组成的。此外，还有醚型的氧在基本结构单元之间以氧桥的形式存在。也可以说，煤分子的基本结构单元由两部分组成，规则部分的缩合环结构称为核，在核的周围有各种侧链和官能团为不规则部分。作为结构单元的缩合芳香环的环数有一个至多个不等，煤类不同，芳香环数也不同，随着煤阶的提高，芳香环数增加。结构单元的有些环上还有氧、氮、硫等杂原子，从而成为杂环化合物。结构单元之间的桥键也有多种形式，如碳—碳键、碳—氧键、碳—硫键或其他键合形式。这与前面叙述过的已被证实的煤结构基本特征基本一致。

图 1-2 为不同类型煤的基本结构单元，该图大致反映了各种煤的结构单元的特点和立体结构，缺点是没有包括所有杂原子、各种可能存在的官能团与侧链。

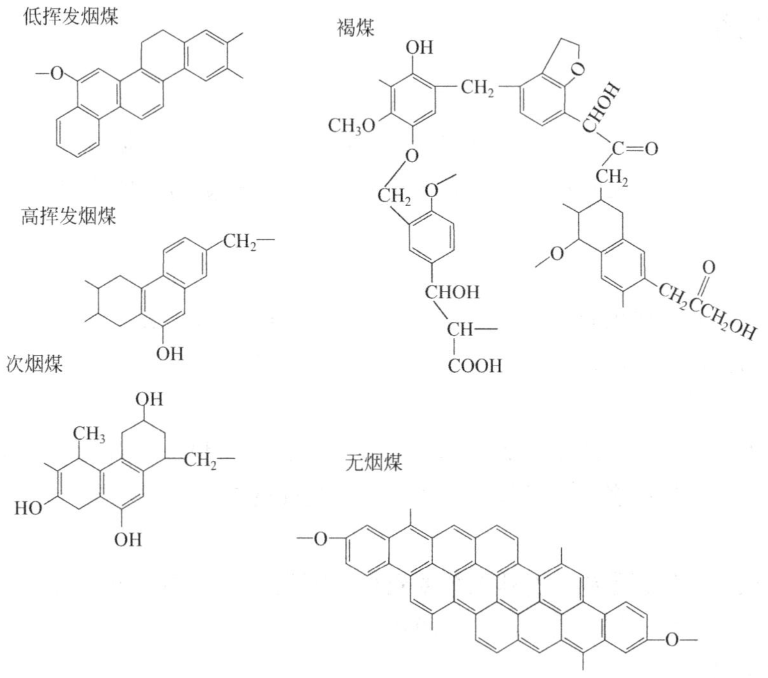

图 1-2 不同类型煤的基本结构单元示意图

4. 煤与石油、汽油化学成分比较

煤是固体，而原油是液体，从元素组成来看，虽然都是 C、H、O 等元素组成，但其含量各不相同，表 1-1 为煤与液体油的元素组成。由表中数据可见，煤与原油、汽油相比，煤中的氢含量低，氧含量高，H/C 原子比低，O/C 原子比高。如高挥发分烟煤氢的含量为 5.5%，H/C 原子比 0.82，氧含量达 11% 左右，而原油的氢含量为 11%～14%，H/C 原子比 1.76，氧含量仅 0.3%～0.9%，汽油只含 C、H 两种元素，不含 O、N、S 元素。

表 1-1 煤与液体油的元素组成

元素	无烟煤	中等挥发分烟煤	高挥发分烟煤	褐煤	泥炭	原油	汽油
(C)/%	93.7	88.4	80.3	72.7	50～70	83～87	86
(H)/%	2.4	5.0	5.5	4.2	5.0～6.1	11～14	14
(O)/%	2.4	4.1	11.1	21.3	25～45	0.3～0.9	
(N)/%	0.9	1.7	1.9	1.2	0.5～1.9	0.2	
(S)/%	0.6	0.8	1.2	0.6	0.1～0.5	1.0	
H/C 原子比	0.31	0.67	0.82	0.87	～1.00	1.76	1.94

从分子结构来看，大量的研究表明，烟煤的有机质主要是以芳香环为主，环上有含 S、O、N 的官能团，由非芳香部分或醚键连接起来的数个结构单元所组成，呈空间立体结构的高分子化合物。另外在高分子立体结构中还嵌有一些低分子化合物，如树脂、树蜡等。随着煤化程度的加深，结构单元芳香性增加，侧链与官能团数目减少。石油则是主要由烷烃及芳

香烃所组成的混合物。

从分子量来看，煤的分子量很大，一般为 5000~10000 或更大些，而石油的平均分子量较小，一般为 200 左右，汽油的平均分子量为 110 左右。

二、煤的性质

(一) 煤的物理性质

煤的物理性质是煤的一定化学组成和分子结构的外部表现。它是由成煤的原始物质及其聚积条件、转化过程、煤化程度和风、氧化程度等因素所决定的。煤的物理性质可以作为初步评价煤质的依据。

1. 颜色

指新鲜煤表面的自然色彩，是煤对不同波长的光波吸收的结果。呈褐色—黑色，一般随煤化程度的提高而逐渐加深。

2. 光泽

指煤的表面在普通光下的反光能力。一般呈沥青、玻璃和金刚石光泽。煤化程度越高，光泽越强；矿物质含量越多，光泽越暗；风化、氧化程度越深，光泽越暗，直到完全消失。

3. 粉色

指将煤研成粉末的颜色或煤在抹上釉的瓷板上刻划时留下的痕迹，所以又称为条痕色。呈浅棕色—黑色。一般是煤化程度越高，粉色越深。

4. 相对密度和容重

煤的相对密度是不包括孔隙在内的一定体积的煤的质量与同温度、同体积的水的质量之比。煤的容重又称煤的体重或视相对密度，它是包括孔隙在内的一定体积的煤的质量与同温度、同体积的水的质量之比。煤的容重是计算煤层储量的重要指标。褐煤的容重一般为 1.05~1.2，烟煤为 1.2~1.4，无烟煤变化范围较大可达 1.35~1.8。煤岩组成、煤化程度、煤中矿物质的成分和含量是影响相对密度和容重的主要因素。在矿物质含量相同的情况下，煤的相对密度随煤化程度的加深而增大。

5. 硬度

指煤抵抗外来机械作用的能力。根据外来机械力作用方式的不同，可进一步将煤的硬度分为划痕硬度、压痕硬度和抗磨硬度三类。煤的硬度与煤化程度有关，褐煤和焦煤的划痕硬度最小，为 2~2.5；无烟煤的硬度最大，接近 4。

6. 煤可磨性指数

煤可磨性指数，指煤样破碎成粉的相对难易程度，用 HGI 表示。煤可磨性指数测定方法是指在规定的条件下，将制备好的空气干燥煤样试样与标准煤样进行研磨、筛分成规定的相同细度的粒度时所消耗的能量比，即 HGI 值。

煤越硬，越难磨碎成粉，煤可磨性指数值越小；相反，煤越软，越容易磨碎成粉，HGI 值就越大。HGI 低于 50 的煤为硬煤；高于 90 的煤为软煤。

7. 脆度

煤受外力作用而破碎的程度。成煤的原始物质、煤岩成分、煤化程度等都对煤的脆度有影响。在不同变质程度的煤中，长焰煤和气煤的脆度较小，肥煤、焦煤和瘦煤的脆度最大，无烟煤的脆度最小。

8. 断口

指煤受外力打击后形成的断面的形状。在煤中常见的断口有贝壳状断口、参差状断口等。煤的原始物质组成和煤化程度不同，断口形状各异。

9. 导电性

指煤传导电流的能力，通常以电阻率表示。煤的导电性与煤化程度密切相关。褐煤由于孔隙度大而电阻率低；烟煤是不良导体，由褐煤向烟煤过渡时，电阻率剧增；但瘦煤阶段电阻率又开始降低，无烟煤阶段急剧降低，因而无烟煤具有良好的导电性。一般烟煤的电阻率随灰分的增高而降低，而无烟煤则相反，随灰分增高而增高，若煤层中含有大量黄铁矿时，也会使无烟煤电阻率降低。各种煤岩组分中，镜煤的电阻率比丝煤高。氧化煤的电阻率明显下降。

（二）煤的化学性质

煤的化学性质是指煤在高温下发生热解反应或与各种化学试剂在一定条件下产生不同化学反应的性质。有关煤化学性质的研究一向是研究煤化学结构的主要方法，同时也是煤转化技术和直接化学加工的基础。煤可以发生的化学反应很多，有热解、氧化、解聚加氢、卤化、磺化、烷基化和水解等。在此主要介绍煤的热解、氧化（风化）和解聚。

1. 煤的热解

指煤在隔绝空气条件下加热、分解，生成焦炭（或半焦）、煤焦油、粗苯、煤气等产物的过程。按加热终温的不同，可分为三种：500~600℃为低温干馏；700~900℃为中温干馏；900~1100℃为高温干馏，即焦化。迄今为止的煤炭加工利用基本都属于热化学过程，它们与热解都有密切关系。

当煤料的温度高于100℃时，煤中的水分蒸发出；温度升高到200℃以上时，煤中结合水释出；高达350℃以上时，黏结性煤开始软化，并进一步形成黏稠的胶质体（泥煤、褐煤等不发生此现象）；至400~500℃时大部分煤气和焦油析出，称一次热分解产物；在450~550℃，热分解继续进行，残留物逐渐变稠并固化形成半焦；高于550℃，半焦继续分解，析出余下的挥发物（主要成分是氢气），半焦失重同时进行收缩，形成裂纹；温度高于800℃，半焦体积缩小变硬形成多孔焦炭。当干馏在室式干馏炉内进行时，一次热分解产物与赤热焦炭及高温炉壁相接触，发生二次热分解，形成二次热分解产物（焦炉煤气和其他炼焦化学产品）。煤干馏的产物是煤炭、煤焦油和煤气。表1-2为三种工业干馏条件下煤的热解产物。

2. 煤的氧化和风化

煤的氧化是煤与各种氧化剂在不同条件下所发生的化学反应。煤在氧化中同时伴随着结构由复杂到简单的降解过程，故又称氧解。

煤的氧化是常见的现象，在储存较久的煤堆中可以看到与空气接触的表层煤逐渐失去光泽，从大块碎成小块，结构变得疏松，甚至用手指可把它捻碎，这就是一种轻度氧化。若把煤粉与多氧、双氧水和硝酸等氧化剂反应，会很快生成各种有机芳香羧酸和脂肪酸，这是深度氧化。

表 1-2　在三种工业干馏条件下煤的热解产物

产品分布与性质		600℃低温干馏	800℃中温干馏	1000℃高温干馏
产品产率	固体焦/%	80~82(半焦)	75~77(中温焦)	70~72(高温焦)
	焦油/%	9~10	6~7	3.5
	煤气/[m³(标准状况)/t干煤]	120	200	320
产品性质				
焦炭	着火点/℃	450	490	700
	机械强度	低	中	高
	挥发分/%	10	约5	<2
焦油	相对密度	<1	1	>1
	中性油/%	60	50~55	35~40
	酚类/%	25	15~20	1.5
	焦油盐基/%	1~2	1~2	约2
	沥青/%	12	30	5%
	游离碳/%	1~3	约5	4~10
	中性油成分	芳烃,脂肪烃	芳烃,脂肪烃	芳烃
煤气	H_2(体积分数)/%	31	45	55
	CH_4(体积分数)/%	55	38	25
	发热量/(kJ/m³)	30932	25080	18810
		(7400kcal[①]/m³)	(6000kcal/m³)	(4500kcal/m³)
煤气中回收的轻油		气体汽油	粗苯-汽油	粗苯
	产率/%	1.0	1.0	1~1.5
	组成	脂肪烃为主	芳烃50%	芳烃90%

① 1cal=4.1868J。

(1) 煤的氧化阶段　煤的氧化可以按其进行的深度或主要产品分为5个阶段:阶段Ⅰ属于煤的表面氧化,氧化过程发生在煤的内、外表面。首先形成不稳定的碳氧配合物,它易分解生成CO、CO_2和H_2O,配合物的分解可以产生新的表面,使氧化作用可以反复循环进行;阶段Ⅱ的氧化结果生成可溶于碱的再生腐植酸。阶段Ⅰ和阶段Ⅱ属于煤的轻度氧化;阶段Ⅲ生成可溶于水的较复杂的次生腐植酸;阶段Ⅳ可生成溶于水的有机酸,这两个阶段属于深度氧化,但选择相应的氧化条件和氧化剂,可以控制氧化的深度;阶段Ⅴ是程度最深的氧化,一旦反应启动,氧化深度难以控制。

(2) 煤的风化及自燃　靠近地表的煤层受大气和雨水中氧长时间的渗透、氧化和水解,性质发生很大变化,这个过程称为煤的风化,经过风化的煤称为风化煤。

风化煤一般都是露头煤,外观黑色无光泽,质酥软,可用手指捻碎,碎后呈褐色或黑褐色,阳光下略带棕红色。风化煤与原煤比较在化学组成、物理性质、化学性质和工艺性质等方面都有明显不同。

① 化学组成　风化后,C和H含量下降,O含量上升,含氧酸性官能团增加。

② 物理性质　风化煤的强度和硬度降低,吸湿性增加。

③ 化学性质　风化煤中含有再生腐植酸,发热量减少,着火点降低。

④ 工艺性质　风化后黏结性下降;干馏时焦油产率下降,气体中CO和CO_2增加,氢气和烃类减少。

有一些煤由于易发生低温氧化,着火点又低,当氧化放出的热量积累,使煤堆的温度升高,就很容易产生自燃,需采取针对性措施预防。

3. 煤的解聚

在煤的大分子结构中,结构单元之间多以不同桥键相连,若能通过温和条件下的化学反应将桥键断开,则煤的大分子结构即发生降解或解聚,原来在溶剂中不溶的有机质就转化为可溶物。例如,用苯酚作溶剂,BF_3 作催化剂可使煤在不高的温度下发生解聚反应,从而大大提高了吡啶等溶剂对煤的抽提率。这一反应属于碳正离子反应,主要是使—CH_2—和—CH_2—CH_2—这类桥键与芳环之间的连接裂解。试验发现氯化锌和氯化亚锡等低熔点强酸性盐,能使—S—,—S—S—和—CH_2—O—等硫醚键和醚键断开。所以,当煤液化以 $ZnCl_2$ 等为介质时,在 300℃上下就可得到高转化率,而且反应速率很快。此外,强碱能促使煤结构中的醚键和酯键裂解,当以 NaOH 为催化剂,醇类为溶剂时,在 200～300℃下处理煤,可使煤的吡啶可溶物产率达到 95% 左右。可见利用煤的解聚反应提高煤的可溶性和加速煤的液化过程是一种有效方法。

(三) 煤的工艺性质

为了提高煤的综合利用价值,必须了解、研究煤的工艺性质,以满足各方面对煤质的要求。煤的工艺性质主要包括:黏结性和结焦性、发热量、化学反应性、热稳定性、透光率等。

1. 黏结性和结焦性

黏结性是指煤在干馏过程中,由于煤中有机质分解、熔融而使煤粒能够相互黏结成块的性能。

结焦性是指煤在干馏时能够结成焦炭的性能。黏结性是进行煤的工业分类的主要指标,一般用煤中有机质受热分解、软化形成的胶质体的厚度来表示,常称胶质层厚度。胶质层越厚,黏结性越好。测定黏结性和结焦性的方法很多,除胶质层测定法外,还有罗加指数法、奥亚膨胀度试验等。黏结性受煤化程度、煤岩成分、氧化程度和矿物质含量等多种因素的影响。煤化程度最高和最低的煤,一般都没有黏结性,胶质层厚度也很小。

2. 发热量

指单位重量的煤在完全燃烧时所产生的热量,亦称热值。它是评价煤炭质量,尤其是评价动力用煤质量的重要指标。国际市场上动力用煤以热值计价。我国自 1985 年 6 月起,改革沿用了几十年的以灰分计价为以热值计价。发热量主要与煤中的可燃元素含量和煤化程度有关。

为便于比较耗煤量,在工业生产中,常常将实际消耗的煤量折合成发热量为 2.930368×10^7 J/kg 的标准煤来进行计算。煤发热量有多种表方法表示,用途各有不同。

3. 化学反应性

煤的化学反应性又称反应活性,是指煤在一定温度下与不同气化性质(如二氧化碳、氧和水蒸气等)相互作用的反应能力。它是评价气化用煤和动力用煤的一项重要指标。反应性强的煤,在气化和燃烧过程中,反应速率快、效率高。在燃烧过程中,煤的反应性强弱与其燃烧速度也有密切关系。因此,煤的反应性是气化和燃烧的重要指标。

表示煤反应性的方法很多,目前中国采用的是煤对二氧化碳的反应性,以二氧化碳的还原率来表示煤的反应性。不同煤化程度的煤及其干馏所得的残炭或焦炭的气孔率,化学结构是不同的,其反应性显著不同,褐煤的反应性最强。煤的灰分组成与数量对反应性也有明显的影响。碱金属和碱土金属的化合物能提高煤、焦的反应性，降低焦炭反应后的强度。

4. 热稳定性

又称耐热性。指煤在高温作用下保持原来粒度的性能。它是评价气化用煤和动力用煤的又一项重要指标。热稳定性的好坏，直接影响炉内能否正常生产以及煤的气化和燃烧效率。

5. 透光率

指低煤化程度的煤（褐煤、长焰煤等），在规定条件下用硝酸与磷酸的混合液处理后，所得溶液对光的透过率称为透光率。随着煤化程度加深，透光率逐渐加大。因此，它是区别褐煤、长焰煤和气煤的重要指标。

三、煤的用途

煤炭被人们誉为黑色的金子，工业的食粮，它是 18 世纪以来人类世界使用的主要能源之一。虽然它的重要位置已被石油所代替，但在今后相当长的一段时间内，石油日渐枯竭，必然走向衰败，而煤炭因为储量巨大，加之科学技术的飞速发展，煤气化、液化等新技术日趋成熟，并将得到更广泛的应用，煤炭必将成为人类生产生活中的无法替代的能源及化工原料。煤的主要用途见图 1-3。

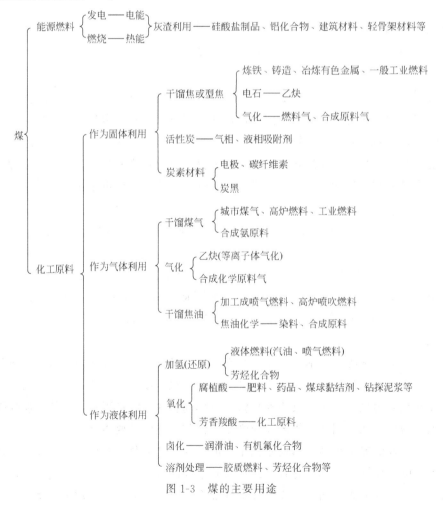

图 1-3　煤的主要用途

第二节 煤的液化方法

煤的液化是把固体煤炭通过化学和物理加工过程,使其转变成为液体燃料和化工产品的过程。根据不同的加工路线,煤液化可分为直接液化和间接液化两大类。

一、煤的直接液化法

1. 煤直接液化法的定义及类型

一定操作条件下,煤在催化剂作用下,通过裂化加氢转变为液体燃料的过程称为煤直接液化。裂化是一种使烃类分子分裂为几个较小分子的反应过程。因煤直接液化过程主要采用加氢手段,故又称煤加氢液化法。

由于供氢方法和加氢深度的不同,有不同的直接液化方法,如高压加氢法、溶剂精炼煤法、水煤浆生产法等。加氢液化产物称为人造石油,可进一步加工成各种液体燃料及其他化学品。

2. 直接液化法基本工艺流程

直接液化典型的工艺过程主要包括煤的破碎与干燥、煤浆制备、加氢液化、固液分离、气体净化、液体产品分馏和精制,以及稳定加氢提质单元。煤的直接液化工艺过程如图1-4所示。

氢气制备是加氢液化的重要环节,大规模制氢通常采用煤气化及天然气转化。

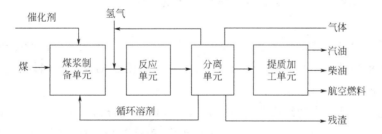

图1-4 煤直接液化法基本工艺流程

液化过程中,将粒径小于0.15mm的煤与催化剂、循环油混合制成煤浆,再与氢气混合送入反应器。然后在高温、高压环境(420~480℃,17~70MPa)下,在液化反应器内,煤首先发生热解反应,生成自由基碎片(由共价键均裂产生,自身不带电荷,但带有未配对电子的分子碎片),由于自由基碎片是不带电的基团,自身不稳定,需要送到加氢稳定装置,再通过一系列加氢反应及催化剂作用,不稳定的自由基碎片再与氢结合,形成分子量比煤低得多的初级加氢产物。

出反应器的产物构成十分复杂,包括气、液、固三相。气相的主要成分是氢气,分离后循环返回反应器重新参加反应;固相为未反应的煤、矿物质及催化剂;液相则为轻油(粗汽油)、中油等馏分油及重油。液相馏分油经提质加工(如加氢精制、加氢裂化和重整)得到合格的汽油、柴油和航空煤油等产品。重质的液固淤浆经进一步分离得到重油和残渣,重油作为循环溶剂配煤浆用。

煤直接液化工艺过程也可分为单段液化（SSL）和两段液化（TSL）工艺。典型的单段液化工艺主要是通过单一操作条件的加氢液化反应器来完成煤炭的液化反应。两段液化是指原料煤浆在两种不同反应条件的反应器内进行加氢反应。

煤直接液化粗油中石脑油馏分占 15%～30%，且芳烃含量较高。加氢后的石脑油馏分经过较缓和的重整即可得到高辛烷值汽油和丰富的芳烃原料，汽油产品的辛烷值、芳烃含量等主要指标均符合相关标准（GB 17930—2013），且硫含量大大低于标准值（≤0.08%），是合格的优质洁净燃料。中间油占全部直接液化油的 50%～60%，芳烃含量高达 70% 以上，经深度加氢后可获得合格柴油。重油馏分一般占液化粗油的 10%～20%，有的工艺该馏分很少，由于杂原子、沥青烯含量较高，加工较困难，可以作为燃料油使用。煤液化中油和重油混合经加氢裂化可以制取汽油，并在加氢裂化前进行深度加氢以除去其中的杂原子及金属盐。

3. 煤炭直接液化的工艺特点

（1）优点

① 液化油收率高，例如采用 HTI 工艺，我国神华煤的油收率可高达 63%～68%。

② 煤消耗量小，一般情况下，1t 无水无灰煤能转化成 0.5t 以上的液化油，加上制氢用煤，3～4t 原料产 1t 液化油。

③ 目标产品的选择性相对较高。馏分油以汽油、柴油为主，可生产洁净优质汽油、柴油和航空燃料。

④ 油煤浆进料，设备体积小，投资低，运行费用低。

⑤ 制氢方法有多种选择，无需完全依赖于煤的气化。

（2）缺点

① 反应条件相对较苛刻。高温高压，大型化设备生产难度较大，使产品成本偏高。

② 煤种要求特殊，适应范围窄。直接液化主要适用于褐煤、长焰煤、气煤、不黏煤、弱黏煤等年轻煤。

③ 出液化反应器的产物组成较复杂，且液、固两相混合物黏度较高，分离相对困难。

④ 氢耗量大，一般为 6%～10%。工艺过程中不仅需要补充大量新氢，还需要循环油作供氢溶剂，使装置的生产能力降低。

二、煤的间接液化法

1. 煤间接液化法的定义及类型

以煤为原料，通过加入气化剂，在高温条件下将煤在气化炉中气化，然后制成合成气（H_2+CO），接着通过催化剂的作用将合成气转化成烃类燃料、醇类燃料和化学品的过程便是煤的间接液化技术。1923 年由德国化学家 F·费歇尔和 H·托罗普施首先开发了此技术，故又称费托合成。煤间接液化工艺主要有费-托（Fischer-Tropsch）工艺和莫比尔（Mobil）工艺。

2. 煤间接液化法基本工艺流程

煤的典型间接液化工艺如图 1-5 所示，煤的间接液化通常分为三步：一是制取合成气

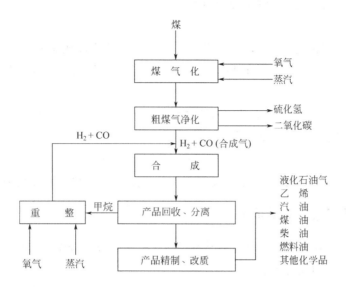

图 1-5　煤的典型间接液化工艺流程

($CO+H_2$)，将经过适当处理的煤送入反应器，在一定温度下通过气化剂（空气或氧气+水蒸气），使煤不完全燃烧，将煤转化为由一氧化碳和氢气混合的合成气，将形成的残渣排出；二是进行催化反应。将合成气经过净化处理，脱除硫、氮和氧净化后，调整 H_2/CO 比到合适值作为合成原料气，在特定的操作条件和催化剂作用下，让合成气 H_2 和 CO 发生化合反应，合成出含有水及少量含氧有机化合物的烃类粗产品；三是对粗产品进行提质加工，对粗产品进行分离、提纯，采用常规石油炼制（如常、减压蒸馏）和油品加工工艺（如加氢精制、催化重整、加氢裂化等）得到合格的油品及其他化学品。

煤间接液化也可分为高温合成与低温合成两类工艺。高温（温度在 300～350℃）合成得到的主要产品有石脑油、丙烯、α-烯烃和 C_{14}～C_{18} 烷烃等，这些产品可以用作生产石化替代产品的原料，如石脑油馏分制取乙烯、α-烯烃制取高级洗涤剂等，也可以加工成汽油、柴油等优质发动机燃料。低温（温度在 200～240℃）合成的主要产品是柴油、航空煤油、蜡和 LPG 等。煤间接液化制得的柴油十六烷值可高达 70，是优质的柴油调兑产品。

3. 煤间接液化的工艺特点

（1）优点

① 合成条件较温和。无论是固定床、流化床还是浆态床，反应温度均低于 350℃，反应压力 2.0～3.0MPa。

② 转化率高。合成气的一次通过转化率达到 60%以上，循环比为 2.0 时，总转化率即达 90%左右。

③ 适应煤种广泛。间接液化不仅适用于年轻煤种（褐煤、烟煤等），而且特别适合中国主要煤炭资源（年老煤、高灰煤等）的转化，也可以利用廉价的高硫、高灰劣质煤。

④ 间接液化的产品非常洁净。无硫氮等污染物，可以加工成优良的柴油（十六烷值 75）、航空煤油、汽油等多种燃料，并且可以提供优质的石油化工原料。

⑤ 工艺成熟。有稳定运行的产业化工厂。

（2）缺点

① 油收率低。煤消耗量大，一般情况下，5~7t 原煤产 1t 成品油。

② 反应物均为气相，设备体积庞大，投资高，运行费用高。其煤气化装置投资约占总投资的 40%。

③ 目标产品的选择性较低，合成副产物较多。正构链烃的范围为 C_1~C_{100}；随合成温度的降低，重烃类（如蜡油）产量增大；轻烃类（如 CH_4，C_2H_4，C_2H_6 等）产量减少。

④ 煤基间接液化全部依赖于煤的气化，没有大规模气化便没有煤基间接液化。

三、煤液化工艺的选择原则

煤液化工艺的选择原则：根据煤质选择液化工艺，根据市场需求确定煤液化目标产品，只有这样才能获得好的经济效益。

各种液化工艺粗级产品分布见表 1-3。由表 1-3 可知：煤直接液化的目标产品，主要是柴油、汽油或石脑油；间接液化的目标产品如下。

① 固定床液化工艺主要产品是汽油和重质柴油。

② 循环流化床液化工艺，主要产品是汽油、烯烃（乙烯、丙烯、丁烯），乙烯、丙烯是最有价值的基本有机化工原料，为综合加工利用，建大型煤化工、石油化工厂创造了条件。

③ 浆态床液化工艺主要产品是柴油、蜡。

④ SMDS 中间馏分固定床工艺主要为汽油、石脑油；粗油不裂解可得到柴油和蜡（括号中的数字为不裂解时产率）。

表 1-3　各种液化工艺产品分布比较表　　　　　　　单位：%

产品	直接液化		间接液化（均为未提质加工的油）				
	IGOR	HTI	固定床	循环流化床	浆态床	SMDS(Shell 公司)	MTG(Mobil 公司)
CH_4	15.9	5.29	2	10	3.2	3.9	1.4
C_2H_6			1.8	4			
C_2H_4			0.1	4	1.6	0.2	
C_3H_6	7.6	2.32	2.7	12	2.7	2.5	0.2
C_3H_8			2.8	2	3.1	1.8	5.5
C_4H_8	32.9	1.84	1.7	9	2.9	3.0	I-C_4H_{11} 8.6
C_4H_{10}			18	2	1.3	1.5	n-C_4H_{10} 3.3
C_3~C_{11} 汽油		C_5~171℃馏分 19.98	14	40	18	17.5	C_4H_{16} 1.1
C_{11}~C_{18} 柴油	43.9	171~343℃ 36.16	52	7	19.2	21.7	C_3^+ 汽油 79.9
C_{18}~C_{100} 重质油和蜡		343~454℃ 8.21 / 454~524℃ 1.4	3.2	4	45.1	47.9	—
含氧化合物				6	2.9	—	—

煤直接液化和间接液化合成油馏分的组成与性质见表1-4。由表1-4可以看出以下几点。

① 直接液化馏分油的汽油辛烷值高达80，而柴油十六烷值不到20，要达到柴油十六烷值45~50的指标，必须设加 H_2 裂化装置提质，这将增加投资，增加动力消耗和降低柴油收率。最终增加了产品成本。

② 间接液化馏分油，汽油辛烷值仅35~40，十六烷值高达70。由于汽油中烯烃很高，是最好的乙烯原料油，与其通过重整提高辛烷值还不如将它直接销售给乙烯工厂。

③ 由于直接液化馏分油辛烷值高，十六烷值低，而间接液化辛烷值低，十六烷值高。若两种工艺结合，馏分油互配，可以省去加 H_2 裂化提高十六烷值装置，也有可能省去重整提高辛烷值，这样大大降低投资和消耗，提高工厂经济效益。

表1-4　直接液化和间接液化合成油馏分组成与性质　　单位：%

生成物	直接液化馏分油		间接液化馏分油（浆态床）	
	汽油	柴油	汽油	柴油
烷烃	16.2	1	60	65
烯烃	5.5		31	25
环烷烃	55.5	7	1	1
芳烃	18.6	60	0	0
极性化合物	4.2	24	8	7
沥青烯		8		0
合计	100	100	100	100
辛烷值（无铅）	80.3		35~40	
十六烷值		<20		65~70

第三节　液化用煤的选择

煤液化的反应性与所用煤种关系很大。由于人们尚无法了解煤中有机质各组分确切的分子结构，对包括煤液化在内的煤转化的反应性，从煤质角度的评价，基本上停留在煤的工业分析、元素分析和煤岩显微组分含量分析的水平上。

一、直接液化煤种的选择

同一煤化程度的煤，由于形成煤的原始植物种类和成分的不同，以及成煤阶段地质条件和沉积环境的不同，导致煤岩组成特别是煤的显微组分也有所不同，其加氢液化的难度也不同。研究证实，煤中惰性组分（主要是丝质组分）在通常的液化反应条件下很难加氢液化，而镜质组分和壳质组分较容易加氢液化，所以直接液化选择的煤应尽可能是惰性组分含量低的煤，一般以低于20%为好。

不同煤化程度的煤，一般说来，除无烟煤不能液化外，其他煤均可不同程度地液化。煤炭加氢液化的难度随煤的变质程度的增加而增加，即泥炭＜年轻褐煤＜褐煤＜高挥发分烟煤＜低挥发分烟煤。从制取液体燃料的角度出发，适宜加氢液化的原料煤是高挥发分烟煤和褐煤。

根据煤质分析数据可知，如果煤的转化率计算值大于90%，油产率计算值大于50%，则可认为这个煤是适宜直接液化的煤种。

选择直接液化煤种时还有一个重要因素是反应煤中矿物质含量和煤的灰分。煤中矿物质对液化效率也有影响，一般认为煤中含有的Fe、S、Cl等元素具有催化作用，而含有的碱金属（K、Na）和碱土金属（Ca）对某些催化剂起毒化作用。矿物质含量高、灰分高使反应设备的非生产负荷增加，灰渣易磨损设备，又因灰渣分离困难而造成油收率的减少，因此加氢液化原料煤的灰分以较低为好，一般认为液化用原料煤的灰分应小于10%。煤经风化、氧化后会降低液体油收率。

煤中挥发分的高低是煤阶高低的一种表征指标，越年轻的煤挥发分越高、越易液化，通常选择挥发分大于35%的煤作为直接液化煤种。另外，变质程度低的煤H/C原子比相对较高，易于加氢液化，并且H/C原子比越高，液化时消耗的氢越少，通常以H/C原子比大于0.8的煤作为直接液化用煤。还有煤的氧含量高，直接液化中氢耗量就大，水产率就高，油产率相对偏低。所以，从制取油的角度出发，适宜的加氢液化原料是高挥发分烟煤和老年褐煤。

多年来，人们在液化用煤种的选择方面做了不懈的工作，但迄今尚未建立煤的组成和物理性质等与液化特性的良好对应关系，根本原因在于煤的不均异性和煤结构的复杂性。目前研究表明：H/C原子比越高、挥发分越高、镜质组和壳质组含量越高、无机矿物质含量越低的煤作为直接液化煤种越好。

大量分析实验证实，从煤种成分或质量角度考虑，适宜直接液化的煤种一般应尽量满足下述条件：

① 年轻烟煤和年老褐煤，褐煤比烟煤活性高，但因其氧含量高，液化过程中耗氢量多；

② 挥发分大于35%（无水无灰基）；

③ 氢含量大于5%，碳含量82%～85%，氢碳（H/C）原子比越高越好，同时希望氧含量越低越好；

④ 芳香度小于0.7；

⑤ 活性组分大于80%；

⑥ 灰分小于10%（干燥基），矿物质中最好富含硫铁矿。

选择出具有良好液化性能的煤种不仅可以得到高的转化率和油收率，还可以使反应在较温和的条件下进行，从而降低操作费用，即降低生产成本。

在现已探明的中国煤炭资源中，约12.5%为褐煤，29%为不黏煤、长焰煤和弱黏煤，还有13%的气煤，即低变质程度的年轻煤占总储量的一半以上，它们主要分布在中国的东北、西北、华东和西南地区，近年来，几个储量大且质量较高的褐煤和长焰煤田相继探明并投入开发，可见，在中国可供直接液化的煤炭资源是极其丰富的。

综合考虑，煤直接液化对煤质基本要求如下。

① 要求将煤磨成200目左右细粉，并将水分干燥到小于2%。因此煤含水越低越经济，投资和能耗越低。

② 应选择易磨或中等难磨的煤作为原料,最好哈氏可磨性系数大于50以上。否则机械磨损严重,维修频繁,消耗大、能耗高。

③ 氢含量越高,氧含量越低的煤,外供氢量越少,废水生成量越少,因此经济效益越好。

④ 硫、氮等杂原子含量要求低,以降低油品加工提质费用。

⑤ 煤的岩相组成是一项主要指标,镜质组成分越高,煤液化性能越好,一般镜质组成分达90%以上为好;丝质组含量高的煤,液化活性差。云南先锋煤镜质组成高达97%,煤转化率高达97%,神华煤丝质组成分达70%,镜质组<30%,因此煤转化率89%左右。

⑥ 要求煤中灰小于5%,一般原煤中灰难达此指标,这就要求煤的洗选性能好,因为灰严重影响油的收率和系统的正常操作。灰的组成也对液化过程产生影响:灰中Fe、Co、Mo等元素对液化有催化作用,可产生好的影响,灰中Si、Al、Ca、Mg等元素易结垢影响传热和正常操作,且造成管道系统磨损堵塞和设备磨损。

二、间接液化煤种的选择

煤间接液化对煤质的要求相对不太苛刻。间接液化工艺对煤种的选择性也就是与之相适应的气化工艺对煤种的选择性。目前得到公认的最先进煤气化工艺是干煤粉气流床加压气化工艺,已实现商业化的典型工艺是荷兰Shell公司的SCGP工艺。干煤粉气流床加压气化从理论上讲对原料有广泛的适应性,几乎可以气化从无烟煤到褐煤的各种煤及石油焦等固体燃料,对煤的活性没有要求,对煤的灰熔融性适应范围可以很宽,对于高灰分、高水分、高硫分的煤种也同样适应。但从技术经济角度考虑,煤的间接液化应尽可能地获取以合成气($CO+H_2$)为主要成分的水煤气。制取的水煤气中CO和H_2的含量越高,合成反应速率越快,合成油产率越高。所以,一般采用弱黏结或不黏结性煤(即褐煤和低变质的高活性烟煤)进行气化更为有利。

通常入炉原料煤种应满足以下几点:

① 煤的灰熔点温度(ST)越高越好,一般固定床气化要求煤的ST不小于1250℃;

② 流化床气化要求煤的ST不小于1300℃,但高于1400℃温度需加助熔剂;

③ 灰分含量小于20%,煤的灰分越低越有利于气化,也越有利于液化;

④ 煤的可磨性要好,水分要低,不论采用哪种气化工艺,制粉是一个重要环节,干煤粉干燥至入炉水分含量小于2%,以防止干煤粉输送罐及管线中"架桥""鼠洞"和"栓塞"现象的发生;

⑤ 用水煤浆制气的工艺,要求煤的成浆性能要好,水煤浆的固体浓度应在60%以上;

⑥ 硫分越低越好。

综合考虑,煤间接液化对煤质基本要求如下。

① 要求将煤磨成200目左右细粉,并将水分干燥到小于2%。因此煤含水越低越经济,投资和能耗越低。

② 应选择易磨或中等难磨的煤作为原料,最好哈氏可磨性系数大于50以上。否则机械

③ 煤中灰含量小于 15% 为宜。

④ 所有煤气化工艺对煤灰熔融性都有要求，固定床气化要求灰熔融性温度越高越好，一般 ST 不小于 1250℃；气流床气化要求煤 ST 小于 1300℃。

⑤ 水煤浆气化还要煤成浆性能好，要求水煤浆浓度大于 60%，最好在 65% 以上。

总之，能用于直接液化的煤一般为褐煤，长焰煤等年青煤即使属这两类煤也不是都能用于直接液化，因此直接液化对煤质是十分挑剔的。间接液化对煤适应性广，原则上所有煤都能气化制合成气，当然工艺和炉型是不一样的。另外还有最佳经济效益问题要考虑，所以对不同的煤选择不同煤气化方法，对某些煤进行加工处理是必要的。如对高灰煤洗选，对高灰熔融性煤加助熔剂等。

第四节　煤液化技术的发展概况

一、煤直接液化技术发展概况

1. 国外煤直接液化技术发展与现状

煤直接液化技术已经走过了近一个世纪的发展历程。每一步进展都与世界的政治、经济科技及能源格局有着密切的关系。归结起来可以看作三个阶段，每一个阶段都开发了当时最先进的工艺技术。

第一代液化技术：1913 年到第二次世界大战结束。在这段时间里，德国首先开启了煤液化的进程。1913 年，德国的柏吉乌斯首先研究了煤的高压加氢，从而为煤的直接液化奠定了基础，并获得世界上第一个煤直接液化专利。1927 年，德国在莱那（Leuna）建立了世界上第一个煤直接液化厂，规模 10×10^4 t/a。在 1936～1943 年间，德国又有 11 套直接液化装置建成投产，到 1944 年总生产能力达到 423×10^4 t/a，为发动第二次世界大战的德国提供了大约 70% 的汽车和 50% 装甲车用油。当时的液化反应条件较为苛刻，反应温度 470℃，反应压力 70MPa。

第二代液化技术：第二次世界大战后，由于中东地区大量廉价石油的开发，使煤直接液化失去了竞争力和继续存在的必要。1973 年后，西方世界发生了一场能源危机，煤转化技术研究又开始活跃起来。德国、美国、日本等主要工业发达国家，做了大量的研究工作。大部分的研究工作重点放在如何降低反应条件，即降低反应压力从而达到降低煤液化油的生产成本的目的。主要的成果有：美国的氢-煤法、溶剂精炼煤法、供氢溶剂法、日本的 NEDOL 法及西德开发的德国新工艺。这些技术存在的普遍缺点是：

① 因反应选择性欠佳，气态烃多，耗氢高，故成本高；

② 固液分离技术虽有所改进，但尚未根本解决；

③ 催化剂不理想，铁催化剂活性不够好，钴-镍催化剂成本高。

第三代液化技术：为进一步改进和完善煤直接液化技术，世界几大工业国美国、德国和日本正在继续研究开发第三代煤直接液化新工艺。具有代表性的目前世界上最先进的几种煤直接液化工艺是：

① 美国碳氢化合物研究公司两段催化液化工艺；

② 美国的煤油共炼工艺 COP。这些新的液化工艺具有反应条件缓和，油收率高和油价相对低廉的特点。

2. 我国煤直接液化技术发展与现状

我国从 20 世纪 70 年代末才开始煤直接液化技术研究，已对上百个煤种进行了煤直接液化研究，对数十个煤种进行了 0.1t/d 连续装置的直接液化运转试验，开发出了纳米级高分散煤直接液化专用催化剂，并在实验室成功地将煤液化粗油加工成合格的汽油、柴油和航空煤油。到 20 世纪末期，通过装置放大和充分研究论证，开发出具有自己知识产权、技术领先煤直接液化技术。2003 年，神华集团在上海建成我国第一套 6t/d 煤直接液化中试装置，2004 年投产成功，标志着我国已突破了煤制油的核心技术，迈出了煤液化技术产业化的关键一步。2008 年世界上第一套年产油品 100×10^4t 的神华大型现代煤直接液化工艺示范装置建成投产。

二、煤间接液化技术发展概况

1. 国外煤间接液化技术发展与现状

煤间接液化中的合成技术于 1923 首先在德国开始工业化应用，1934 年鲁尔化学公司建成了第一座间接液化生产装置，产量为 7×10^4t/a；到 1944 年，德国共有 9 个工厂共 57×10^4t/a 的生产能力。在同一时期，日本、法国也有装置建成。

20 世纪 50 年代初，中东大油田的发现使间接液化技术的开发和应用陷入低潮，但南非是例外。考虑到南非的煤炭质量较差，不适宜进行直接液化，经过反复论证和方案比较，最终选择了使用煤间接液化的方法生产石油和石油制品。Sasol Ⅰ 厂于 1955 年开工生产，主要生产燃料和化学品。70 年代的能源危机促使 Sasol 建设两座更大的煤基费托装置，设计目标是生产燃料。当工厂在 1980 年和 1982 年建成投产的时候，原油的价格已经超过了 30 美元/桶。此时 Sasol 的三座工厂的综合产能已经大约为 760×10^4t/a。由于 Sasol 生产规模较大，尽管经历了原油价格的波动但仍保持赢利。南非不仅打破了石油禁运，而且成为了世界上第一个将煤液化费托合成技术工业化的国家。1992 年和 1993 年，又有两座基于天然气的费托合成工厂建成，分别是南非 Mossgas 的 100×10^4t/a 工厂和壳牌在马来西亚 Bintulu 的 50×10^4t/a 的工厂。

目前，除南非以外，新西兰、马来西亚的煤间接液化厂也实现商业化生产。新西兰煤间接液化厂采用的是 Mobil 液化工艺，但只进行间接液化的第一步反应，即利用天然气或煤气化合成气生产甲醇，而没有进一步以甲醇为原料生产燃料油和其他化工产品，生产能力 1.25 万桶/d。马来西亚煤间接液化厂所采用的液化工艺和南非萨索尔公司相似，但不同的是它以天然气为原料来生产优质柴油和煤油，生产能力为 50×10^4t/a。因此，从严格意义上说，南非萨索尔公司是世界上唯一的煤间接液化商业化生产企业。

2. 我国煤间接液化技术发展与现状

1938 年日军侵华时在中国锦州建成了 3×10^4 t/a 的间接液化厂。在此基础上,到 20 世纪五六十年代,我国已将生产规模扩大到 5×10^4 t/a,后因大庆油田的发现和石油的开采炼制而停产。到 70 年代,中东战争引发了全球性的石油危机,石油价格飞涨。我国在 20 世纪 70 年代末 80 年代初开始大力发展煤液化技术,于 90 年代完成了 2000t/a 规模的煤基合成汽油工业实验。近年来,中科院山西煤化所针对新型浆态床合成反应器、共沉淀铁系催化剂制备等进行了放大开发试验,于 2002 年建成 1000t/a 中试装置,2004~2007 年间建成了低温、高温两大系列中试合成工艺装置。2004 年兖矿集团建成 5000t/a 低温浆态床 FT 合成中试装置与铁系催化剂制备装置,并成功运行;2007 年高温费-托合成中试装置一次投料开车成功。2006 年内蒙古伊泰集团年产 16×10^4 t 煤间接液化制油装置开工建设,其核心技术具有完全自主知识产权,2009 年开始平稳生产。2012 年神华宁煤的 400×10^4 t/a 间接液化项目和兖矿集团在榆林的 100×10^4 t/a 间接液化项目进入全面建设阶段。2015 年 9 月国内首套百万吨级具有自主知识产权的煤制油项目—陕西未来能源化工有限公司一次投料试车成功,产出符合欧 Ⅴ 标准的优质油品。

三、我国发展煤液化技术的战略意义

我国是个煤炭资源丰富,而石油资源较为贫乏的国家,已探明煤炭资源储量约 13000 亿吨,居世界第三位,2008 年煤炭产量 27.16 亿吨,居世界第一位。我国已探明石油储量约 155 亿桶(2007 年),居世界第 14 位。2008 年中国原油产量 1.89 亿吨,居世界第五位。随着经济高速增长,自 2003 年起,我国已成为仅次于美国的世界第二大石油消费国,石油进口量逐年增加,一半以上的石油需要进口。2008 年进口原油 1.789 亿吨,居世界第二位。随着石油进口依存度迅速提高,我国能源安全,已成为不可回避的现实问题,也是关系我国经济发展、社会稳定和国家安全的重大战略问题。寻找石油替代能源摆上了国家议事日程。而以煤炭为原料,通过化学加工过程生产石油产品(简称煤制油),对于优化我国能源结构,保持国民经济可持续发展,具有重要的战略意义。

随着石油资源的短缺和高油价时代的到来,利用先进的煤炭转化技术,发展现代煤化工,生产汽油、柴油和化工产品,不仅对化工行业调整产业结构、提升产业能级具有积极推动作用,更是 21 世纪减轻我国对石油进口依存度、减少环境污染、保障我国能源安全和经济可持续发展的战略举措。

四、煤液化技术的发展趋势

从目前中国已建和拟建的煤液化项目可以看出,我国采用的煤液化技术全部为中外合作研发或从国外引进,主体设备全部进口,对煤液化技术尚处于引进消化吸收阶段。国内的煤液化技术尚未达到工业化规模,在煤液化核心技术方面也无自主的知识产权,且煤液化成本受煤炭价格、相关产品石油价格、水资源以及技术风险等因素影响较大。因此,在充分吸收国外液化技术的基础上,研发先进的液化技术,并使之工业化,将成为我国今后液化技术的发展趋势。

1. 新型催化剂的开发与使用

催化剂的使用可以使反应速率加快，液化过程的时间缩短，液化成本降低。催化剂的性能主要取决于金属的种类、比表面积和载体等。一般认为，Fe、Co、Ni、Ti、W 等过渡金属对氢化反应具有催化作用。这是由于催化剂通过对某种反应物的化学吸附形成化学吸附键，致使被吸附分子的电子或几何结构发生变化，从而提高化学反应活性。所以在煤液化过程中，由于催化剂的作用产生了活性氢原子，又通过溶剂媒介实现了氢的间接转移，使液化反应顺利进行。

另外，与高分子合成技术相结合，采用低成本高活性供氢体或其他低成本还原剂如甲醇等替代氢气，配合自由基湮灭剂、阻聚剂，应是研发液化新技术的思路之一。

总之，目前世界上煤直接液化的催化剂正向着高活性、高分散、低加入量与复合性的方向发展，根据美国碳氧化合物技术公司的报告，在 30kg/d 的两段液化工艺实验中，加入高分散的胶体催化剂（含 $0.10\%\sim0.50\%$ 的铁和 $0.005\%\sim0.010\%$ 的钼），这比传统催化剂的常规加入量少得多。

2. 新型溶剂的开发与使用

在煤的液化过程中，溶剂的使用具有重要的作用。溶剂可及时分散催化剂和反应物，防止热解产生的自由基聚合；还可以溶解氢气，从而促进煤的加氢；可使煤与催化剂及氢气更好地接触。国内外的文献指出，煤液化经历如下两个阶段：首先是煤的溶解阶段；其次是煤的溶解产物转化为产品油阶段。因此，在催化剂存在时，热溶解在第一阶段中占主导地位；在第二阶段催化剂促进了沥青烯等产物的加氢。因此结合煤液化的反应机理，开发对氢溶解度高的溶剂，对改进煤液化工艺有着重要的意义。

3. 液化工艺和设备的革新

反应器内设置外动力循环方式来实现液化反应器的返混转动模式，以提高煤、催化剂和氢的混合程度，从而提高油收率；全馏分离线加氢，供氢溶剂配置煤浆，可实现长期稳定运转。

4. 配煤技术的发展

研究和评价煤的液化特性，从我国丰富的煤炭资源中选择出适宜的煤种，是一项重要的基础研究工作，不仅关系到煤炭直接液化和间接液化的工艺指标和经济效益，而且直接影响到工厂的生产年限和建设地点。根据煤质分析，将不同的煤种采用不同的配煤方式，从而获得最大的液化率和最小的生产成本。

5. 煤间接液化技术与煤化工技术的融合趋势

由于煤间接液化技术的中间产品种类繁多，部分中间产品生产化工产品较生产燃料更具优势，从而促进了煤间接液化技术与煤化工技术的融合趋势。

当前，我国的煤化工正逐渐步入一个快速发展的新时期，煤化工正在兴起，特别是产煤地区已将发展煤炭深加工、构建煤化括工基地或园区，延伸传统煤炭产业链，作为振兴地方经济的重大举措。煤炭能源化工工业是今后一定时期的重要发展方向，作为煤化工重要标志的大型煤液化项目正在稳步推进，煤液化技术正在不断进步，煤炭液化工业将有较好的发展前景。

本章小结

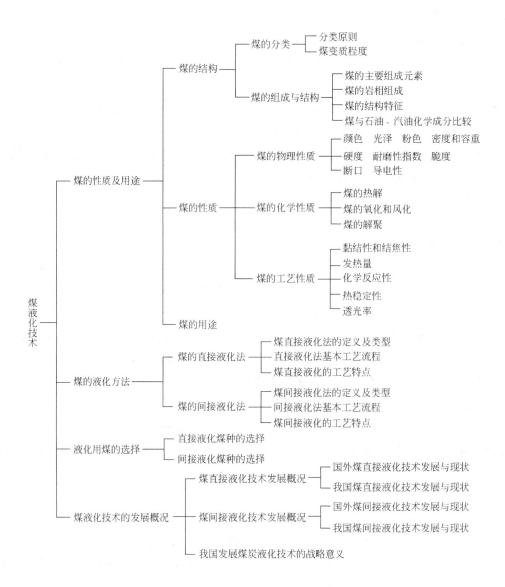

复习思考题

1. 形成煤的原始物质是什么？这些物质一般是怎么演变成煤的？
2. 煤按变质程度不同是怎么划分的？用镜质组反射率是怎样划分的？
3. 煤中一般含有哪些元素？主要元素是什么？
4. 一般认为氧、硫、氮三种元素在煤分子中以什么形式存在？
5. 什么叫显微组分？国际上通用的烟煤显微组分又分哪几类？

6. 煤的显微组分与煤的宏观类别一般是什么关系？
7. 一般认为煤分子中的基本结构单元是怎样的？
8. 典型的煤的化学结构模型有哪些？各有什么特点？
9. 煤的主要物理性质有哪些？
10. 简述一下煤的化学性质。
11. 煤的液化主要工艺性质有哪些？
12. 什么叫煤的直接液化？其工艺特点有哪些？
13. 什么叫煤的间接液化？其工艺特点有哪些？
14. 论述一下煤的直接液化对煤种的要求，哪些煤种适合直接液化。
15. 论述一下煤的间接液化对煤种的要求，哪些煤种适合间接液化。
16. 简述我国发展煤液化技术的战略意义。

第二章
煤直接液化生产技术

教学目的及要求 通过对本章的学习,掌握煤直接液化的基本原理;理解机理;了解催化剂种类及特性;掌握影响直接液化的因素,熟悉典型工艺流程;了解煤直接液化主要设备结构特点。

煤的直接液化就是将固体的煤不通过气化而直接转化成液态的油和其他化学产品。其生产工艺一般由煤浆制备、加氢液化、固液分离及提质加工等基本过程构成。其中加氢液化过程反应复杂,工艺条件要求苛刻,并且必须有催化剂和溶剂作用才能实现。加氢液化的优劣与煤的转化率及油品的收率密切相关。

第一节 煤直接液化机理

由于煤的化学结构复杂,影响煤加氢液化的因素众多,到目前为止,煤加氢液化机理都是在特定条件下,对特定煤种进行实验研究得到的结论,还没有一种理论能清晰全面地揭示煤液化过程机理。

一、煤液化过程中的化学反应

1. 煤的化学结构模型

煤的有机质是十分复杂的混合物,由于成煤的原始物质和煤化条件不同,煤的元素含量和分子结构差异很大。从 20 世纪初至今先后出现了几十个模型,在此仅介绍几种典型的模型理论,这些模型仅代表平均统计概念,而不能看作是煤中客观存在的分子形式。

(1) 20 世纪 60 年代以前的煤结构模型 以克瑞威仑于 1957 年修改了的福克斯模型(图 2-1)为例。从图 2-1 可见,结构模型中包含的缩合芳香环数平均为 9 个,缩合芳环数很高,这是 20 世纪 60 年代以前经典结构模型的共同特点。

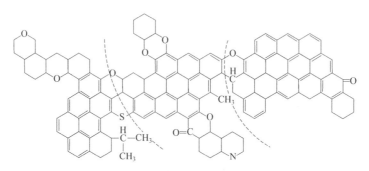

图 2-1 克瑞威仑修改后的福克斯模型

(2) 吉文化学结构模型 吉文化学结构模型认为煤结构单元是 9,10-二氢蒽。主要的芳香核是相当于萘之类的物质，其环数等于1～3环，有时可能还多一些，并认为非芳香族的大部分碳原子与其看成是脂环族结构，还不如看作是氢化芳香族结构。吉文对于含碳82%的煤描述的代表性的结构模型如图2-2所示，这一模型正确反映了年轻烟煤中没有大的缩合芳香核（主要是萘环），分子呈线形排列，并有空间结构，有氢键和含氮杂环等存在。但它也有不足之处，如没有含硫结构，没有醚键和两个碳原子以上的亚甲基桥键。吉文提出的模型代表煤中较稳定的结构，表示难以液化的煤种。

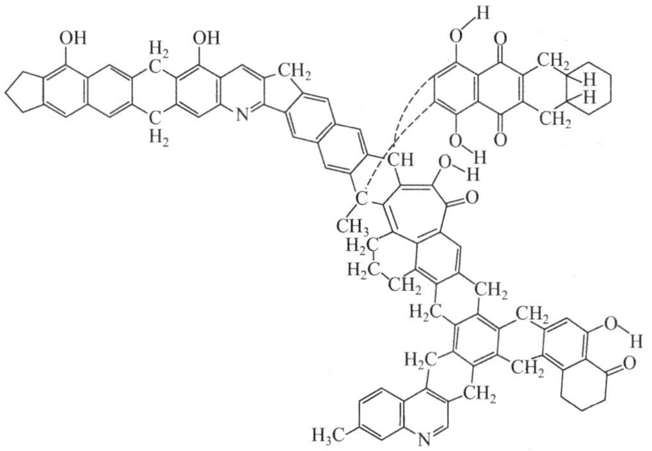

图 2-2 吉文化学结构模型

（3）威斯化学结构模型　威斯化学结构模型是迄今为止比较全面、合理的一个，它基本上反映了煤分子结构的现代概念，可以解释煤的液化以及其他化学反应性质。Wiser 提出的模型中可以看到 Ar—Ar′、Ar—CH$_2$—Ar′等典型桥键（如图 2-3 所示，箭头指处为结合薄弱的桥键）。

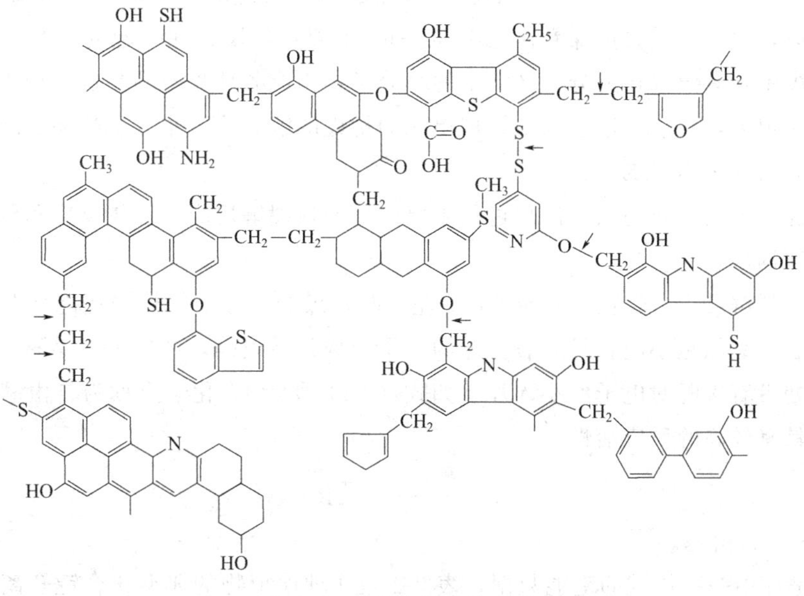

图 2-3 威斯化学结构模型

(4) 本田化学结构模型 本田化学结构模型（如图 2-4 所示）的特点是最早考虑到低分子化合物的存在，缩合芳环以菲为主，它们之间有比较长的亚甲基键连接，以及氧的存在形式比较全面，不足之处是氮和硫的存在没有考虑。

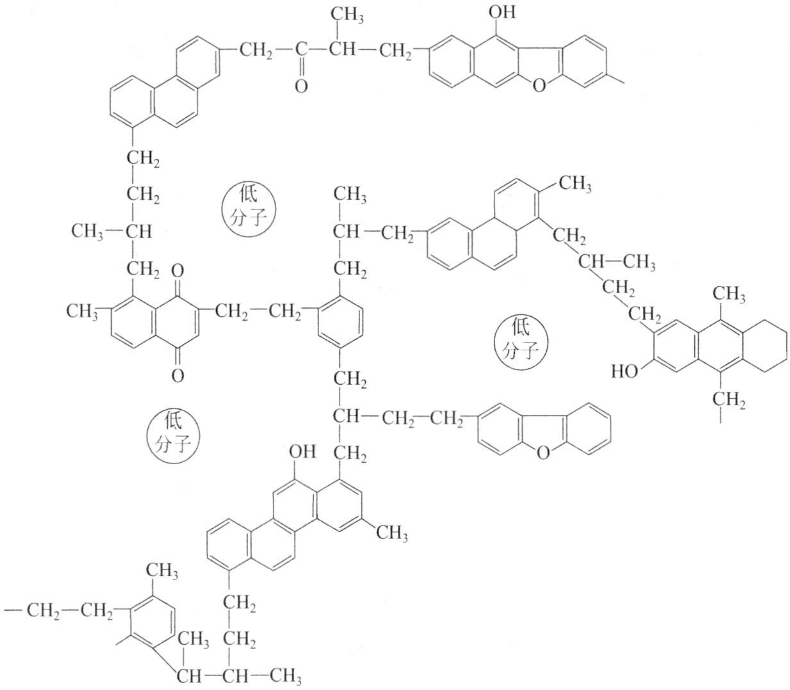

图 2-4 本田化学结构模型

(5) 希尔化学结构模型 希尔提出的结构模型如图 1-1 所示。他认为煤是由通过 C—C 键直接连在一起的带有脂肪侧链的大的芳环和杂环的核所构成的，其中有含氧官能团。由这个模型可见，在高挥发分煤中，简单的脂环及脂肪侧链占绝对优势，每个结构单元由 5~6 个环连接而成，而不像过去把煤看作是由 50~60 个芳香环聚合在一起的线状聚合物。同时希尔指出，煤中含有镶嵌在大分子网络中的小分子，构成芳环骨架的共价键相当强，因此芳环的热稳定性很大，而许多连接煤中结构单元的桥键的解离能较小，受热易于断裂。

2. 煤液化过程中的化学反应

大量研究所证明，煤的加氢液化过程主要由煤的热裂解反应、加氢反应和脱杂原子反应三个基本步骤构成。

(1) 煤热裂解反应 煤被加热至 250℃ 左右时，煤的大分子结构中键能最弱的交联键和桥键开始断裂，键能越小越容易断裂。煤的分子结构开始破碎，产生了以煤的结构单元为基础并在断裂处带有未配对电子的小碎片［如式（2-1）所示］，化学上称为自由基。这种自由基不稳定，具有较高的反应活性。

$$煤 \xrightarrow{热裂解} \sum R \cdot \tag{2-1}$$

式中 R·——自由基。

表 2-1 是煤中一些弱键的键能数据，表 2-2 是几种模拟物的典型化合键解离能数据。随着温度的升高，煤中一些键能次弱甚至较高的部位也相继断开裂变成自由基碎片。主要反应

可用以下方程式表示：

$$R—CH_2—CH_2—R \xrightarrow{\triangle} RR—CH_2 \cdot + R'—CH_2 \cdot \qquad (2-2)$$

表 2-1　煤中一些弱键（模型化合物）的键能数据（298K）

键　型	模型化合物结构式	键能/(kJ/mol)	键　型	模型化合物结构式	键能/(kJ/mol)
羰基键	$C_6H_5CH_2—COCH_2C_6H_5$	273.6±8	硫醚键	$CH_3—SC_6H_5$	290.4±8
羧基键	$C_6H_5CH_2—COOH$	280	硫醚键	$CH_3—SCH_2C_6H_5$	256.9±8
羧基键	$(C_6H_5)_2CH—COOH$	248.5±13	甲基键	CH_3-9-蒽甲基	282.8±6.3
醚　键	$CH_3—OC_6H_5$	238±8	亚甲基键	$CHOCH_2—CH_2C_6H_5$	256.9±8
醚　键	$CH_3—OCH_2C_6H_5$	280.3	氢碳键	H-蒽(9,10-二氢蒽)	315.1±6.3

表 2-2　几种模拟物的典型化合键解离能

化合物	键解离能/(kJ/mol)	化合物	键解离能/(kJ/mol)
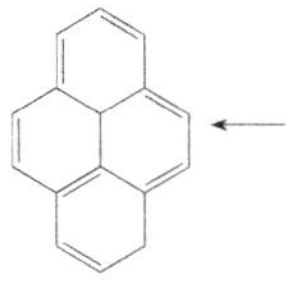 芘	$2.98×10^5$	$C_6H_5CH_2—CH_3$ $C_6H_5CH_2—CH_2CH_2C_6H_5$ $C_6H_5CH_2—OCH_3$	301 289 276
$C_6H_5—C_6H_5$	431	$C_6H_5CH_2—OCH_2C_6H_5$	234
$RCH_2CH_2—CH_2CH_2R$	347	$C_6H_5—CH_2—OC_6H_5$	213
$C_6H_5—CH_2C_6H_5$	339	$C_6H_5—CH_2—SCH_3$	213
$RCH_2—OCH_2R$	335	$CH_3CH_2CH_2—CH_2CH_2CH_3$	159

煤结构中，苯基醚 C—O 键、C—S 键和连接芳环 C—C 键的解离能较小，容易断裂；芳香核中的 C—C 键和亚乙基苯环之间相连结构的 C—C 键解离能大，难于断裂；侧链上的 C—O 键、C—S 键和 C—C 键比较容易断裂。图 2-5 示意模型煤分子结构中易发生热解断裂的桥键（含碳 83% 的高挥发性烟煤，化学示性式：$C_{100}H_{79}O_7NS$，结构式中"⇒"代表分子模型中连接煤结构单元其他部分的桥键；"▲"代表煤结构单元中的弱化学键）。

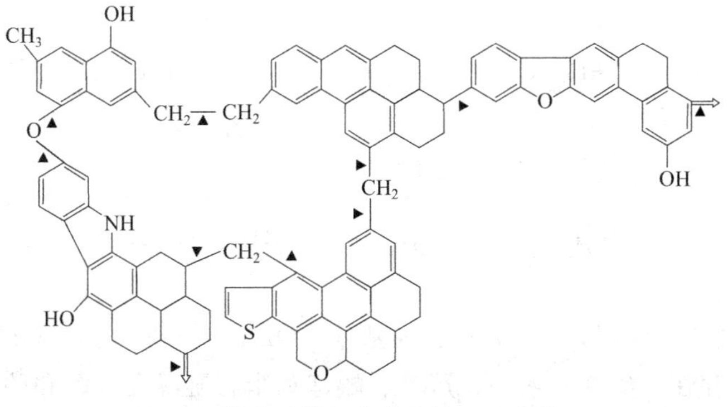

图 2-5　煤分子模型化学结构（基本单元）

（2）加氢反应　煤分子本身受热分解生成不稳定的自由基碎片后，若有足够的氢存在，自由基就能得到饱和而稳定下来。在加氢液化过程中，由于供给充足的氢，煤热解的自由基碎片与氢结合，生成稳定的低分子，反应如下：

$$\Sigma R \cdot + H \longrightarrow \Sigma RH \qquad (2-3)$$

在具有供氢能力的溶剂环境和较高氢气压力的条件下,分子量较大的自由基被加氢得到稳定,成为沥青烯及液化油的分子。主要反应可用以下方程式表示:

$$R-CH_2\cdot + R'-CH_2\cdot + 2H \xrightarrow{\triangle} RCH_3 + R'CH_3 \tag{2-4}$$

$$R-CH_2\cdot + R'-CH_2\cdot \xrightarrow{\triangle} R-CH_2-CH_2-R' \tag{2-5}$$

$$2R-CH_2\cdot \xrightarrow{\triangle} RCH_2-CH_2R \tag{2-6}$$

$$2R'-CH_2\cdot \xrightarrow{\triangle} R'CH_2-CH_2R' \tag{2-7}$$

此外,煤结构中某些C=C键也可能被氧化。加氢反应再细分有芳烃加氢饱和、加氢脱氧、加氢脱氮、加氢脱硫和加氢裂化等几种。举例如下。

加氢饱和:（反应式图）

加氢脱氧:（反应式图）+ H_2O

加氢脱硫:（反应式图）+ H_2S

（反应式图）+ H_2S

加氢催化剂的活性不同或加氢条件不同,加氢反应的深度也不相同。在煤液化反应器内仅能完成部分加氢反应,煤液化产生的一次液化油还含有大量芳烃和含氧、硫、氮杂原子的化合物,必须对液化油再加氢才能使芳烃饱和以及脱除杂原子,达到最终产品——汽油、柴油的标准,第二步的再加氢称为液化油的提质加工。

(3) 脱杂原子反应　沥青烯及液化油分子被继续加氢裂化生成更小的分子。加氢液化过程,煤结构中的一些氧、硫、氮也产生断裂,分别生成 H_2O（或 CO_2、CO）、H_2S 和 NH_3 气体而脱除。煤中杂原子脱除的难易程度与其存在形式有关,一般侧链上的杂原子较环上的杂原子容易脱除。

加氢脱氮:（反应式图）+ NH_3

加氢裂化:（反应式图）+ C_4H_{10}

煤结构中的氧主要以醚基(—O—)、羟基(—OH)、羧基(—COOH)、羰基(—CO)、醌基和杂环等形式存在。醚基、羧基、羰基、醌基和脂肪醚等在较缓和的条件下就能断裂脱去,羟基则不能,一般不会被破坏,需要在比较苛刻的条件下(如高活性催化剂作用)才能脱去,芳香醚与杂环氧一样不易脱除。从煤加氢液化的转化率与脱氧率之间的关系(图2-6)可以看出,脱氧率在0～60%范围内,煤的转化率与脱氧率成直线关系,当脱氧率为60%时,煤的转化率达90%以上。可见煤中有40%左右的氧比较稳定。

煤结构中的硫以硫醚、硫醇和噻吩等形式存在。加氢液化过程中,脱硫和脱氧一项比较容易进行，脱硫率一般在40%～50%。

煤中的氮大多存在于杂环中，少数为氨基，与脱硫和脱氧相比，脱氮要困难得多，一般需要激烈的反应条件和有催化剂存在时才能进行，而且是先被氢化后再进行脱氮，耗氢量大。

自由基稳定后的中间产物分子量分布很宽、分子量小的是馏分油，分子量大的称为沥青烯，分子量更大的称为前沥青烯。前沥青烯可进一步分解成分子量较小的沥青烯、馏分油和烃类气体。同样，沥青烯通过加氢可进一步生成馏分油和烃类气体。

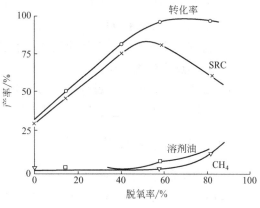

图 2-6　煤加氢液化转化率及产品产率与脱氧率的关系

如果在加氢液化过程中，由于温度过高或供氢不足，煤热解的自由基碎片或反应物分子会发生缩合反应，生成分子量更大的产物，甚至生成焦炭（如下式所示）。

缩合反应将使液化产率降低，是煤加氢液化中不希望进行的反应。为了提高液化产率，必须严格控制反应条件和采取有效措施，抑制缩合反应加速裂解、加氢反应，常采用下列措施来防止结焦：

① 提高系统的氢分压；
② 提高供氢溶剂的浓度；
③ 反应温度不要太高；
④ 降低循环油中沥青烯含量；
⑤ 缩短反应时间。

图 2-7 为煤热解产生自由基、溶剂向自由基供氢，以及溶剂和前沥青烯、沥青烯催化加氢的过程。

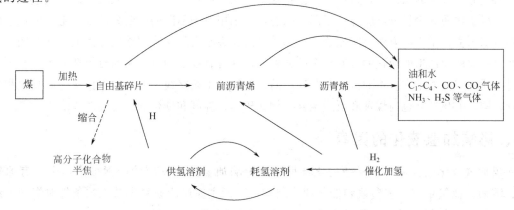

图 2-7　煤液化自由基产生和反应的过程

能与自由基结合的氢并非是分子氢（H_2），而是氢自由基，即氢原子，或者是活化氢分子。供给自由基的氢来自以下几个方面：

① 溶解于溶剂中的氢在催化剂作用下变为活性氢；
② 化学反应生成的氢；
③ 煤本身提供的氢（煤分子内部重排、部分结构裂解或缩聚放出的氢）。

由此可见，煤液化过程中，溶剂及催化剂起着非常重要的作用。

二、煤加氢液化反应历程

将煤直接液化过程机理归纳提炼，其煤加氢液化反应历程可描述如下。

煤的大分子结构在一定温度和氢压下裂解成小分子液体产物的反应过程，其包含着煤的热解和加氢裂解两个最基本的过程。煤的结构单元之间的桥键在加热到250℃以上时就有一些弱键开始断裂，随着温度的进一步升高，键能较高的桥键也会断裂。桥键的断裂产生了以结构单元为基础的自由基，自由基的特点是本身不带电荷却在某个碳原子上（桥键断裂处）拥有未配对电子。自由基非常不稳定，在高压氢气环境和有溶剂分子分隔的条件下，遇到被催化剂活化分子氢，生成稳定的低分子产物，成脂环或氢化芳环等。存在于桥键和芳环侧链上的部分S和O原子会以H_2S和H_2O的形式脱出，而存在于芳环上的S、O和N原子则需要深度加氢和加氢裂解反应才能脱出。加氢所需活性氢的来源有溶剂分子中键能较弱的碳—氢键、氢—氧键断裂分解产生的氢原子。

在没有高压氢气环境和没有溶剂分子分隔的条件下，自由基又会相互结合而生成较大的分子。而存在于芳环上的S、O和N原子则需要深度加氢和加氢裂解反应才能脱出。在实际煤直接液化的工艺中，煤炭分子结构单元之间的桥键断裂和自由基稳定的步骤是在高温（450℃左右）、高压（17～30MPa）氢气环境下的反应器内实现的。

三、煤直接液化的基本原理

综上所述，煤直接液化既是指把固体状态的煤炭在高压和一定温度下直接与氢气发生加氢反应，使煤炭转化为液体油品的工艺技术。在直接液化工艺中，煤炭大分子结构的分解是通过加热来实现的，桥键的断裂产生了以结构单元为基础的自由基，自由基非常不稳定，在高压氢气环境和有溶剂分子分隔的条件下，它被加氢生成稳定的低分子产物，在没有高压氢气环境和没有溶剂分子分隔的条件下，自由基又会相互结合而生成较大的分子。煤炭经过加氢液化后剩余的无机矿物质和少量未反应煤还是固体状态，可采用各种不同的固液分离方法把固体从液化油中分离出去，常用的方法有减压蒸馏、加压过滤、离心沉降和溶剂萃取等固液分离方法。煤炭经过加氢液化产生的液化油含有较多的芳香烃，并含有较多的氧、氮和硫等杂原子。必须再经过提质加工才能生产合格的汽油和柴油产品。不同的工艺路线，得到的直接液化产品也相差甚远，同时液化产品也与煤种和反应条件（例如压力、温度和催化剂）有关。

四、影响加氢液化的因素

煤加氢液化反应是十分复杂的化学反应，影响加氢液化反应的因素很多，主要有原料煤、溶剂、耗氢量与工艺参数和催化剂等因素，下面主要讨论原料煤及工艺条件对煤加氢液化的影响，催化剂因素将在后面讨论。

(一) 原料煤的影响

1. 煤炭变质程度和煤炭岩显微组分

大量研究证明，煤液化转化率和液化油产率与煤炭化度和煤炭岩组分关系较大。由于成煤炭原始植物和成煤炭条件的不同，使煤炭的组成和结构呈现多样性和不均一性，因此不同煤炭种类及不同煤炭岩组分表现出不同的液化反应性能。

煤炭中碳含量是表征煤炭化程度的主要指标。同一煤炭化度的煤炭，若煤炭岩组分不同，其液化性能也不相同，因此煤炭中碳含量和煤炭岩组成是人们选择适宜液化煤炭种类时常需考虑的两个因素。煤炭中碳含量与煤液化转化率的关系如图 2-8 所示。由图可见，中等煤化度煤炭，即煤炭中碳含量在 82%～84% 之间时，煤液化转化率最高。当煤炭中碳含量过高或过低时，煤液化转化率都较低。

煤炭中干燥无灰基碳含量及煤炭中的 H/C 原子比与煤转化率之间有着密切关系，图 2-9 中显示出了煤炭中 H/C 原子比与煤液化转化率的关系。当煤炭中 H/C 原子比为 0.71～0.75 时，煤加氢液化具有较高的煤液化转化率。

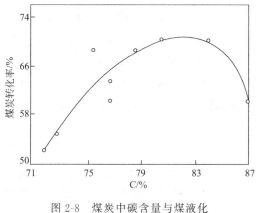

图 2-8　煤炭中碳含量与煤液化转化率的关系

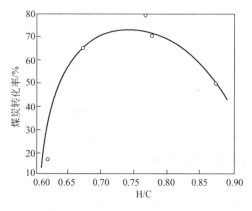

图 2-9　H/C 原子比与煤液化转化率的关系

高挥发分煤炭的镜质组（vitrinite）和壳质组（exinite）为煤炭的活性组分，在加氢液化时具有较高的液化转化率。其中壳质组的液化转化率高于镜质组，惰质组（hertinite）的液化性能最低，其中微粒体和不透明基质体较不宜液化，但也不是完全惰性的，在低变质程度阶段，惰质组仍然具有一定的液化反应性能，而丝质体（fusinite）几乎是不能液化的。Davis 等人提出，煤炭中镜质组反射率在 0.5～1.0 之间的煤料适宜于作为液化用原料。煤液化转化率与镜质组含量的关系见图 2-10。从图中可见，高挥发分烟煤炭的液化转化率最高，煤炭变质程度过高或过低都不能得到较高的煤液化转化率。特别是煤炭的变质程度过高

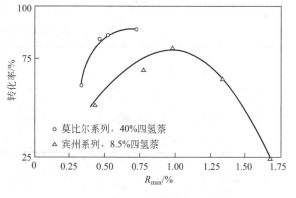

图 2-10　煤炭镜质组含量与煤炭液化转化率间的关系

时,即使是煤炭中的活性显微组分,也难于得到较高的煤液化转化率。

对液化煤炭种类的选择,除应考虑煤炭化度、煤炭岩组分等指标来预测煤炭的液化性能外,还应通过液化试验来确定煤炭的液化反应性能。

我国煤炭科学研究总院北京煤化工研究分院在处理能力为 0.1t/d 的煤连续液化实验装置上,对我国十几个省和自治区的气煤炭、长焰煤炭和褐煤炭等进行了煤液化性能研究。结果表明,碳含量小于 85%,H/C 原子比大于 0.8,挥发分＞40%,活性组分含量接近 90% 的煤炭,都具有较好的液化性能。

2. 煤炭中矿物质

煤炭中除有机显微组分外,还有各种矿物质,主要有硅酸盐、硅铝酸盐、硫酸盐、硫化物、碳酸盐和氧化物等。矿物质中主要有硅、铝、铁、钙、镁、钠和钾等元素。依原始成煤炭条件的不同,煤炭中矿物质含量差别也较大。灰分和硫分是煤炭中矿物质的重要组成部分,由于煤炭中黄铁矿存在对煤液化具有正向催化作用,在煤液化过程中如有硫存在,其可以使含铁化合物转化成具有催化活性的磁黄铁矿。

Granoff 研究了灰分为 3.7%～17.2% 煤的液化反应性能,发现高灰煤炭在有机硫脱出后,对煤转化成液体产物表现出较好的性能。煤炭中黄铁矿（FeS_2）的脱硫活性较低,而 FeS 表现出较高的脱硫活性。如果煤加氢液化的目的是制备合成油,则用煤炭中矿物质作催化剂是有利的。如果煤加氢液化脱硫是主要目的,如生产溶剂精制煤炭产品,则煤加氢液化反应前脱出煤炭中矿物质是有利的。已有研究工作表明,煤炭中黄铁矿的主要作用是增加液化产物中的苯可溶物产率,并使煤液化产物的氢化芳烃进一步发生加氢反应,从而有利于维持煤液化循环溶剂的供氢能力。

3. 原料煤炭粒度

煤直接液化用的原料煤炭粒度一般在微米数量级。对原料煤炭粒度的选择,一是要有利于消除煤炭液化反应过程中煤炭颗粒的传质限制,二是要有利于节省粉碎机等设备消耗的能量。

原料煤炭粒度对煤液化率的影响程度,文献报道不尽一致。但为确保煤液化过程中粒度不受溶剂扩散作用的限制,减小煤炭颗粒在液化反应时的扩散限制,提高质量传递速率,液化用煤炭的粒度应该适宜。目前,大多数煤直接液化工艺采用的粒度一般为 100～200 目。表 2-3 为两种粒径原料煤在实验条件下测得的煤转化率。

表 2-3　原料煤粒径对煤转化率的影响

溶剂种类	Cresswell 煤炭转化率(dmmf)/%	
	<2000μm	<60μm
9,10-二氢化蒽/甲基萘	16.8	35.5
9,10-二氢化蒽/甲基萘/芴	20.9	48.2
9,10-二氢化蒽/甲基萘/2-萘酚	31.7	51.1

注:1. 实验条件:反应温度 400℃;反应时间 1h;搅拌速度≥500r/min。
2. dmmf 为干燥无矿物基。

(二) 工艺条件的影响

煤液化工艺条件包括煤浆浓度、压力、温度、停留时间、气液比等。关于各项工艺条件对煤液化反应的影响，下面分别做一概要的介绍。

1. 煤浆浓度

从理论上讲，煤浆浓度对液化反应的影响应该是浓度越稀越有利于煤热解自由基碎片的分散和稳定。但为了提高反应器的空间利用率，煤浆浓度应尽可能高。试验研究证明高浓度煤浆在适当调整反应条件的前提下，也可以达到较高的液化油产率。对高浓度煤浆提高反应压力和气液比后，其油产率比低浓度煤浆还高。分析其原因，主要是煤浆浓度提高后，在液化反应器的液相中溶剂的成分减少，而煤液化产生的重质油和沥青烯类物质含量增加，更有利于它们进一步加氢反应生成可蒸馏油。

在煤液化工艺中，选择煤浆浓度还要考虑煤浆的输送和煤浆预热炉的适应性。对于煤浆的输送，首先要考虑的是煤浆能配制成多高的浓度，它取决于高压煤浆泵输送煤浆所允许的煤浆黏度范围。煤浆浓度过稀，煤的颗粒在煤浆管道内容易沉降，在高压煤浆泵的止逆阀处容易沉积，造成煤浆泵工作故障。煤浆浓度过高，造成煤浆黏度过高，煤浆在管道内流动的阻力增大，使煤浆泵输送功率增大，也使煤浆泵不能正常工作。一般说来，煤浆的黏度在 $50\sim500\text{mPa}\cdot\text{s}$ 范围内煤浆泵才能正常工作。

2. 反应压力

反应压力对煤液化反应的影响主要是指氢气分压，大量试验研究证明煤液化反应速率与氢分压的一次方成正比，所以氢分压越高越有利于煤的液化反应。这是因为氢气压力的提高，有利于氢气在催化剂表面吸附，有利于氢气向着催化剂深处扩散，使催化剂活性表面得到充分利用。煤液化过程中加氢速率加快，可以阻止煤热解生成低分子组分或者聚合成半焦的反应，使低分子物质稳定，提高油产率。

但提高系统压力对装置投资的增加影响很大。另外，压力的增加使氢气压缩和煤浆加压消耗的能量也增加，因此选择煤液化装置的压力需综合各方面的因素慎重考虑。目前一般多采用中低压工艺，适宜压力为 $17\sim25\text{MPa}$。

提高循环气中氢气浓度即是提高氢分压，是在系统总压不变的条件下提高反应速率的有限措施，但对煤液化反应也有一定效果。提高循环气中氢气浓度的方法是增加新氢流量，或通过水洗脱除 CO_2，再通过油洗脱除烃类气体。但不管采取哪种措施，都要增加能量的消耗。循环气中氢气浓度究竟选择多高，也要权衡利弊综合考虑。

3. 反应温度

反应温度是煤加氢液化的一个非常重要的条件，不到一定的温度（如330℃），无论多长时间，煤也不会液化，在超过初始热解温度的一定范围内，一方面反应速率随温度的增加呈指数增加。另一方面温度增加后，氢气在溶剂中的溶解度增加，煤转化率随着温度上升而上升，达到最高点在较小的高温区间持平，然后

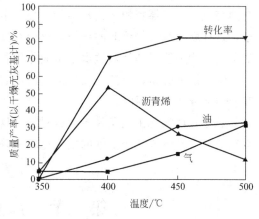

图 2-11 液化温度对煤炭转化率及液化产物产率的影响

未加溶剂，反应时间 1h，
氢初压 7.03MPa，催化剂 Sn 1%

转化率下降（如图 2-11 所示）；这是由于随着反应温度的升高，氢传递及加氢反应速率也随之加快，因而油产率、气体产率和氢耗量也随着增加，沥青烯和前沥青烯的产率下降。但是当温度过高，部分反应生成物产生缩合或者裂解生成气体产物，造成气体产率增加，温度过高还有可能会出现结焦，严重影响液化过程的正常进行。因而，选择合适的液化温度是至关重要的。一般情况下，煤液化反应温度要根据原料煤性质、溶剂质量、反应压力及反应停留时间等因素综合考虑。一般适宜的煤液化温度为 440~460℃，通常烟煤的反应温度要比更易液化的褐煤的反应温度高 5~10℃。

4. 反应停留时间

反应停留时间是指反应器内液相的实际停留时间。在适合的反应温度下和足够的氢供应进行煤加氢液化时，随着反应时间的延长，液化率开始增加很快，以后逐渐开始减慢，而沥青烯和油收率相应增加，并开始出现最高点，气体产率开始减少；随着反应时间的延长，后来增加很快，同时氢消耗量随之增加。从生产的角度来又要节省时间。因此，反应停留时间也需要很好地选定。

5. 气液比

气液比通常用气体标准状态下的体积流量（m^3/h）与煤浆体积流量（m^3/h）之比来表示，是一个无量纲的参数。因煤浆的密度略大于 $1000kg/m^3$，所以也可以用气体标准状态下的体积流量与煤浆质量流量之比（m^3/t）来表示。实际上对反应起影响作用的是在反应条件下气体实际体积流量与液相体积流量之比，主要原因是在反应器内液体（包括溶剂和煤液化产生的液化油）各组分分子在液相和气相中必然达到气液平衡，而与气液平衡有关系的应是反应器内气相与液相的实际体积流量之比。

当气液比提高时，液相的较小分子更多地进入气相中，而气体在反应器内的停留时间远低于液相停留时间，这样就减少了小分子的液化油继续发生裂化反应的可能性，却增加了液相中大分子的沥青烯和前沥青烯在反应器内的停留时间，从而提高了它们的转化率。另外，气液比的提高会增加液相的返混程度，这对反应也是有利的。

但提高气液比也会产生负面影响，即气液比提高会使反应器内气含率（气相所占的反应空间与整个反应器容积之比）增加，使液相所占空间（也可以说是反应器的有效空间）减小，这样就使液相停留时间缩短，反而对反应不利。另外，提高气液比还会增加循环压缩机的负荷，增加能量消耗，这也是负面作用。

综合以上分析，煤液化反应的气液比有一个最佳值，大量试验研究结果得出的最佳值在 700~1000 m^3/t 范围内。

总之，煤液化工艺条件各因素对液化反应及液化装置的经济性均有正反两方面的影响，必须通过大量试验和经济性的反复比较来确定合适的工艺条件。

第二节　煤直接液化催化剂

一、煤加氢液化催化剂种类

研究表明，很多过渡金属及其氧化物、硫化物、卤化物均可作为煤加氢液化的催化剂。

但卤化物催化剂对设备有腐蚀性,在工业上很少应用。

催化剂的活性主要取决于金属的种类、比表面积和载体等。一般认为 Fe、Ni、Co、Mo、Ti 和 W 等过渡金属对氢化反应具有催化活性,这是由于催化剂通过对氢分子的化学吸附形成化学吸附键,致使被吸附分子的电子或几何结构发生变化,从而提高了化学反应活性。太强或太弱的吸附都对催化作用不利,只有中等强度的化学吸附才能达到最大的催化活性,从这个意义上讲,过渡金属的化学反应性是很理想的。由于这些过渡金属原子有未结合的 d 电子或有空余的杂化轨道,当被吸附的分子接近金属表面时,它们就与吸附分子形成化学吸附键,在煤液化反应常用的催化剂中 FeS_2(实际上活性物质是 $Fe_{1-x}S$)等可与氢原子形成化学吸附键。受化学吸附键的作用,氢原子分解成具有自由基特性的活性氢原子,活性氢原子可以直接与自由基结合使自由基成为稳定的低分子油品。活性氢原子也可以和溶剂分子结合使溶剂氢化,氢化溶剂再向自由基供氢。

由此可见,在煤液化反应中,正是催化剂的作用产生了活性氢原子,又通过溶剂为媒介实现了氢的间接转移,使液化反应得以顺利地进行。

煤直接液化工艺使用的催化剂一般为铁系催化剂或镍、钼、钴类催化剂。其活性和选择性影响煤液化的反应速率、转化率、油收率、气体产率和氢耗。$Co-Mo/Al_2O_3$、$Ni-Mo/Al_2O_3$ 和 $(NH_4)_2MoO_4$ 等催化剂的活性高、用量少,但是这种催化剂因价格高,必须再生反复使用。氧化铁(Fe_2O_3)/黄铁矿(FeS_2)、硫酸亚铁($FeSO_4$)等铁系催化剂活性稍差、用量较多,但来源广且便宜,可不用再生,称之为"廉价可弃催化剂"。铁系催化剂的活性物质是磁黄铁矿($Fe_{1-x}S$),式中的 $1-x$ 一般为 0.8 左右,氧化铁、黄铁矿或硫酸亚铁等只是催化剂的前驱体,在反应条件下它们与系统中的氢气和硫化氢反应生成具有催化剂活性的 $Fe_{1-x}S$,才具有吸附氢和传递氢的作用。

考虑催化剂的有效性,还必须和煤的种类以及溶剂的性质结合起来。例如煤中的铁和硫的含量应予考虑,同时还要考虑铁和硫的原子比。当溶剂的供氢性能极佳时,对于浆态床,催化剂的不同添加量对反应的影响可能并不明显。

1. 廉价可弃性催化剂

这种催化剂因价格便宜,在液化过程中一般只使用一次,在煤浆中与煤和溶剂一起进入反应系统,再随反应产物排出,经固液分离后与未转化的煤和灰分一起以残渣形式排出液化装置。最常用的可弃性催化剂是含有硫化铁或氧化铁的矿物或冶金废渣,如天然黄铁矿主要含有 FeS_2,转炉飞灰主要含有 Fe_2O_3,炼铝工业中排出的赤泥含有 Fe_2O_3。

铁系一次性催化剂价格低廉,但活性稍差。为了提高它的催化活性,有的工艺采用人工合成 FeS_2,或再加入少量含钼的高活性物质。最新研究发现,把这种催化剂超细粉碎到微米级粒度以下,增加其在煤浆中的分散度和表面积,尽可能使其微粒附着在煤粒表面,会使铁系催化剂的活性有较大提高。

为了找到高活性的可替代的廉价可弃性催化剂,对中国硫铁矿、钛铁矿、铝厂赤泥、钨矿渣、黄铁矿、炼钢飞灰等进行了筛选评价试验,表 2-4 是其中部分催化剂的高压釜试验结果。

表 2-4　不同催化剂的液化活性评价　　　　　　　　　　　单位：%

催化剂名称	氢耗量	转化率	前沥青烯	沥青烯	水产率	气产率	油产率
无催化剂	5.0	79.1	7.8	20.3	11.8	14.8	29.4
赤铁矿	5.0	93.2	1.0	16.9	10.6	16.7	53.0
铁精矿	5.3	96.6	0.5	14.8	10.8	16.8	59.0
铁精矿（细）	5.3	97.5	0.7	10.1	11.5	13.0	67.2
黄铁矿	5.4	95.3	1.7	16.8	10.4	16.1	55.7
煤中伴生黄铁矿	5.4	93.9	0.4	11.4	11.0	15.2	61.3
伴生黄铁矿（细）	5.6	98.0	0.7	9.7	12.1	12.4	68.7
镍钢原矿	5.0	85.8	5.0	22.0	10.3	17.5	36.0
镍钢精矿	4.8	89.2	5.7	18.6	10.3	17.7	42.0
炼镍闪速炉炉渣	5.4	92.5	0.2	15.0	11.3	14.4	57.0
辉钼矿	5.5	92.0	1.3	17.0	11.0	18.2	50.0
钼灰	6.0	99.6	0.1	2.0	12.8	13.1	77.6
轻稀土矿	5.2	89.3	1.3	18.1	9.5	16.7	48.9
钛精矿	5.5	93.0	0.6	14.4	10.7	16.5	56.3
硫钴矿	5.6	96.5	2.0	14.0	10.3	17.5	58.3
合成硫化铁	5.9	97.6	0.4	8.4	12.0	12.5	70.0

注：表中试验条件：试验用煤为依兰煤；溶剂/煤=2/1，催化剂/煤=3%，另加助催化剂硫为催化剂的1/4（硫铁矿和合成硫化铁未加），反应温度450℃，氢初压10MPa，反应时间1h。表中除铁精矿（细）、伴生黄铁矿（细）和合成硫化铁的粒径为1μm以外，其余均小于74μm（200目）。

试验发现除了磁铁矿（表中未列）以外，其他含铁矿物和含铁废渣均有催化活性，而活性的高低取决于含铁量。催化剂的粒度对催化剂的活性也有较大影响，当铁矿石的粒径从小于74μm减小到1μm时，煤转化率提高，油产率增加更多。因此，减小铁系催化剂的粒度、增加分散度是改善活性的措施之一。

2. 高价可再生催化剂

钼、镍等有色金属是石油加氢常用的催化剂活性物质，对煤直接液化同样有效。表2-4中有一种钼灰具有很高的活性，它是钼矿冶炼炉烟道气中的飞灰，主要成分是MoO_3，且粒度极细。表中钼灰的试验结果沥青烯产率很低，说明钼的高活性主要表现在把沥青烯加氢转化为油。但钼灰的价格太高，一次性加入后如果不回收，经济上成本过高，所以必须研究它的回收方法。

前苏联可燃矿物研究院将高活性钼催化剂以钼酸铵水溶液的油包水乳化形式加入到煤浆之中，随煤浆一起进入反应器，这种催化剂具有活性高、添加量少的优点，最后废催化剂留在残渣中一起排出液化装置。前苏联可燃矿物研究院开发了一种从液化残渣中回收钼的方法，大致是将液化残渣在1600℃的高温下燃烧，这时Mo以MoO_3的形式随烟道气挥发出来，然后将烟道飞灰用氨水洗涤萃取，就可把灰中的氧化钼转化成水溶性的钼酸铵。据报道，钼的回收率可超过90%，但运转成本如何还有待研究。

美国的H-Coal工艺采用了石油加氢的载体Mo-Ni催化剂，在特殊的带有底部循环泵的反应器中，这种催化剂的活性很高，但在煤液化反应体系中活性降低很快。H-Coal工艺设计了一套新催化剂在线高压加入和废催化剂在线排出装置，使反应器内的催化剂保持相对较高的活性，排出的废催化剂可去再生重复使用，但再生次数也有一定限度。

3. 超细高分散铁系催化剂

多年来，在许多煤直接液化工艺中，使用的常规铁系催化剂（如 Fe_2O_3 和 FeS_2 等）的粒度一般在数微米到数十微米范围，加入量高达干煤的 3%，由于分散不好，催化效果受到限制。20 世纪 80 年代以来，人们发现如果把催化剂磨得更细，在煤浆中分散得更好些，不但可以改善液化效率，减少催化剂用量，而且液化残渣以及残渣中夹带的油分也会下降，可以达到改善工艺条件、减少设备磨损、降低产品成本和减少环境污染的多重目的。

研究表明，将天然粗粒黄铁矿（粒径小于 $74\mu m$）在氮气保护下干法研磨或在油中搅拌磨至约 $1\mu m$，液化油收率可提高 7~10 个百分点。然而，靠机械研磨来降低催化剂的粒径，达到微米级已经是极限，为了使催化剂的粒度更小，近年来美国、日本和中国的煤液化专家先后开发了纳米级粒度、高分散的铁系催化剂。用铁盐的水溶液处理液化原料煤粉，再通过化学反应就地生成高分散催化剂粒子。通常是用硫酸铁或硝酸铁溶剂处理煤粉并和氨水反应制成 $FeOOH$，再添加硫，分布制备煤浆。还有一种方法是把铁系催化剂先制成纳米级（10~100nm）粒子，加入煤浆使其高度分散。制备纳米级催化剂材料的方法较多，如逆向胶束法，即在介质油中加入铁盐水溶液，再加入少量表面活化剂，使其形成油包水型微乳液，然后又再加入沉淀剂。还有的方法是将铁盐溶液喷入高温的氢氧焰中，形成纳米级铁的氧化物。我国煤炭科学研究总院也开发了一种纳米级铁系煤液化催化剂，其活性达到了国外同类催化剂的水平，并已获得了中国发明专利（ZL99103015·X）。研究结果表明，纳米级铁系催化剂的用量可以由原来的 3% 降到 0.7% 左右，减少了煤浆中带入的无机物含量，有助于提高反应器溶剂利用率和减少残渣量，从而提高了液化油收率。

4. 助催化剂

不管是铁系一次性可弃催化剂还是钼、镍系等可再生性催化剂，它们的活性形态都是硫化物。但在加入反应系统之前，有的催化剂是呈氧化物形态的，所以还必须转化成硫化物形态。铁系催化剂的氧化物转化方式是加入硫或硫化物，与煤浆一起进入反应系统，在反应条件下硫或硫化物先被氢化为硫化氢，硫化氢再把铁的氧化物转化为硫化物；钼镍系载体催化剂是在使用之前用硫化氢预硫化，使钼和镍的氧化物转化成硫化物，然后再使用。

为了在反应时维持催化剂的活性，气相反应物料主要是氢气，但必须保持一定的硫化氢浓度，以防止硫化物催化剂被氢气还原成金属态。

一般称硫是煤直接液化的助催化剂，有些煤本身含有较高的硫，就可以少加或不加助催化剂。煤中的有机硫在液化反应过程中形成硫化氢，同样是助催化剂，所以低阶高硫煤是适用于直接液化的。换句话说，煤的直接液化适用于加工低阶高硫煤。

二、催化剂在煤加氢液化中的作用

1. 催化剂作用机理

催化剂在煤液化过程中起着极其重要的作用，是影响煤液化成本的关键因素之一，催化剂之所以能加速化学反应进行，是因为它能降低反应所需的活化能（如图 2-12 所示）。

第一，催化剂能够活化反应物，加速加氢反应速率，提高煤液化的转化率和油收率。煤

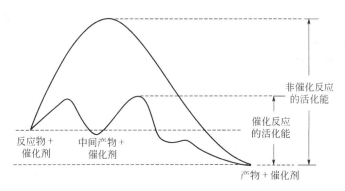

图 2-12　催化反应与非催化反应的活化能

加氢液化是煤热解成自由基碎片、再加氢稳定成较低分子物的过程。对于系统中供给足够的氢气时，由于分子氢的键合能较高，难以直接与煤热解产生的自由基碎片产生反应，因此，需要通过催化剂的催化作用，降低氢分子的键合能使之活化，从而加速加氢反应。

第二，催化剂能够促进溶剂的再氢化和氢源与煤之间的氢传递。催化剂的首要作用是使溶剂氢化，在供氢溶剂液化中的主要作用是促进溶剂的再氢化，维持或增大氢化芳烃化合物的含量和供体的活性，有利于氢源与煤之间的氢传递，提高液化反应速率；再次催化剂要具有选择性。煤的加氢液化反应很复杂，其中包括热裂解、加氢、脱氧（氮、硫）等杂原子、异构化、缩合反应等。为提高油收率和油品质量，减少残渣和气体产率，要求催化剂能加速前四个反应，抑制缩合反应。目前工业上使用的催化剂不能同时具有良好的裂解、加氢、脱氧（氮、硫）等杂原子及异构化性能，因此必须根据加工工艺的不同来选择相适应的催化剂。

2. 铁系催化剂作用原理

铁属于过渡金属元素，化学吸附为中等强度，具有较好的催化活性。当铁系催化剂和 H_2 发生化学吸附时，生成的活性相 $Fe_{1-x}S$ 有利于 H_2 生成活性氢原子，活性氢原子使溶剂氢化，氢化的溶剂参与了煤液化的诸多反应，煤液化过程中，煤中的键断裂生成分子量较小的自由基，这些碎片通过和活性原子反应稳定下来，再进行裂解，生成分子量更小的化合物。如果没有活性氢原子的参与，煤的芳核结构的裂解、桥键的断裂等反应可能受到抑制，自由基碎片若没有活性氢原子的及时稳定，也有可能发生缩聚反应重新生成难以分解的大分子化合物。煤中吸附的 H_2 和新加入的硫生成了 H_2S，$Fe_{1-x}S$ 的金属空位是 H_2S 的脱附中心，对于 H_2S 的分解有诱导作用，即它可以弱化 H—S 键，有利于活性氢原子的生成；另外金属空位也可以促进煤的液化反应。催化剂的催化活性与其加入方式、负载量、温度、硫助剂及和不同煤种的匹配都有很大关系。

三、影响催化剂活性的因素

1. 催化剂粒径

铁元素在煤表面分散的状态及和煤的接触程度决定了催化剂对煤液化反应的催化效果。催化剂的粒径越小，越易分散，和煤接触就越充分，越有利于两者之间的反应。催化剂的粒径每降低一个数量级，油收率就提高 10%，但仅靠机械研磨的方法使催化剂分散，达到微米时已是极限，因此，国内外大部分致力于使催化剂高分散的负载型研究。负载型催化剂能使煤这种表面物理化学性能极为复杂的物质既作为催化剂载体，又作为反应物。让煤样在硫化物中浸渍，再加入铁系化合物，这样催化剂粒子吸附在煤表面上，可以使煤和催化剂发生离子交换、铁原子和酸性官能团的络合等反应。煤颗粒的存在，阻止了催化剂的聚集，使它以小颗粒的形式覆于煤载体表面。这样在煤的表面形成了多个活性中心，可以加速溶剂的氢化，加快活性原子稳定自由基碎片的速率，同时原位负载铁系催化剂也可以很好的促进煤中 C—C 键的断裂，大大提高了催化剂的催化效果。

2. 负载量

不同的催化剂和不同煤种接触使之达到最佳催化效果需要的量不同。对于神木煤，负载 $FeSO_4$ 的质量分数大约为 1% 时就使转化率大幅增加。如果加大负载量，转化率反而趋向平缓；先锋煤的转化率随着催化剂量的增加而提高。利用 Yang J 的方法制备的负载 $FeSO_4$ 的质量分数为 1.167% 的催化剂，对于兖州煤、依兰煤有明显的液化效果，而对先锋煤基本不起作用。负载质量分数为 1% 的 $Fe(NO_3)_3$ 时，催化活性低于 $FeSO_4$，随着负载 $Fe(NO_3)_3$ 质量分数的增长，达 2%~3% 时，活性基本和 $FeSO_4$ 相近。低负载量时催化剂明显提高了出油率，高负载量对提高前沥青烯和沥青烯的产率有促进作用。

3. 温度

在不同的温度下，催化剂所起的作用也不同。起点温度低时，催化剂对煤液化反应的效果比较明显，初始高活性的阶段时间也比较长，使得煤的转化率及出油率都大幅增加。但起点温度高时，缩聚反应靠前，此时催化剂的作用是降低了缩聚反应的活化能，而使发生裂解反应的可能性降低，进而难以达到所需产物的要求。在大于 410℃ 的高温时，四氢呋喃可溶物的缩聚反应加剧，轻质产物产量减少，出油率也随之降低。

4. 催化剂类型

在先锋煤的液化过程中，负载铁催化剂的催化效果要优于普通赤泥催化剂。从试验结果看，Na_2S 和 $Fe_2(SO_4)_3$ 的混合物对煤的催化效果最好。而 $FeCl_3$ 的氯离子效应及由氯而生成的 HCl 对容器有腐蚀作用，$FeCl_3$ 的使用受到限制。在神华煤的液化研究中发现，黄铁矿的效果最好。也有学者认为，黄铁矿的裂解性虽然不如磁黄铁矿，但是低温下黄铁矿加氢的活性高于磁黄铁矿。对于依兰煤，$FeSO_4$ 在生成沥青烯的过程中有催化效果。兖州煤中还有很多酚基和羟基，在开始反应阶段就可进行剧烈的裂解反应，也就是说可以破坏芳基的侧链部分，进而打开桥键，所以兖州煤在 $FeSO_4$ 的作用下催化效果较明显。相比较而言，铁的硫化物适于煤中芳香基侧链的裂解，而 $FeSO_4$ 更有利于煤中桥键的断裂，而且 SO_4^{2-} 也促进了表面 L 酸的生成，也进一步抑制了催化剂的聚合，增加了其比表面分散度，使得催化剂和煤的结合更紧密。

5. 硫助剂

大量研究表明，在铁系催化剂中加入硫助剂，可以大大提高催化剂的活性。$FeSO_4$ 和硫助剂共浸渍时，改变了催化剂的表面化学组成，有效地阻止了催化剂在煤表面的局部聚集，使催化剂的分散度有所提高。另外，在高温、高压下，H_2S 电离产生活化氢原子所需的能量仅为直接电离 H_2 所需能量的一半，加入硫后更容易产生活性氢原子，活性氢原子的存在是催化剂作用的重要条件。有硫存在时，硫首先和 H_2 反应生成 H_2S，硫的参与使催化剂发挥更大的作用，因此，在催化剂中加入硫是必要的。尽管煤中有各种形态的硫——有机硫和无机硫，还有加入的硫化物，$FeSO_4$ 中也有硫元素，但并不是所有的硫元素都参与了 $FeSO_4$ 向活性相的转变，煤中易分解的有机硫在低温状态时逸出，参与了煤的液化反应，而 SO_4^{2-} 一般很难分解，因而这部分硫不参与煤的液化反应，这也更说明了加入硫的必要性。$FeSO_4$ 和煤层紧密接触后，铁元素就和煤层中的水、空气中的水或含氧官能团结合生成了 FeOOH，这是种超细高分散颗粒，具有很强的尺寸效应，使煤层表面的活性很高，也易于和其他原子比如硫原子反应。FeOOH 又转化成为磁黄铁矿的形式，即 $Fe_{1-x}S$ 的形式，在 250℃ 时，部分黄铁矿也转化成为磁黄铁矿的形式，此时气态 H_2 转化为活性氢原子，附在 $Fe_{1-x}S$ 的表面，对产生的自由基发挥稳定作用。

6. 表面氧

在研究煤与低密度聚乙烯的共液化过程中发现，经过氧化处理的和未经过氧化处理的 $Fe_2(SO_4)_3$ 都具有很强的催化活性，使煤的出油率都超过 71%。也说明了虽然有一部分 $Fe_2(SO_4)_3$ 表面氧化成 Fe_2O_3，使其硫化物减少，但由于表面的硫酸盐中同时具有 O 和 S 两种元素，且硫酸根离子本身具有一定的加氢异构化功能，也可以促进催化剂的活性。所以在不同煤催化剂的选择上要根据不同的条件，即煤种和催化剂的确切实验效果来进行，最终要遴选最优的工艺条件使催化剂的催化作用发挥最好，从而增加生成物的产量。

第三节　供氢溶剂

一、供氢溶剂的作用

在煤加氢液化过程中，溶剂的作用有以下几个方面：

① 煤炭与溶剂按一定比例混合制成浆态物料，便于工艺过程的输送和加压；

② 煤浆的形成可以保证煤料在溶剂中得到均匀分散，不产生沉淀，并有利于煤液化反应；

③ 溶剂可以有效地分散原料煤炭粒子、高分散催化剂和液化反应形成的热溶解产物及改善多项催化液化反应体系中的动力学扩散效应；

④ 采用具有供氢性能的溶剂，通过供氢溶剂的脱氢反应过程，可以提供煤液化需要的活性氢原子，以稳定煤液化产生的自由基"碎片"；

⑤ 在煤液化条件下，依靠溶剂的溶解能力使原煤料热膨胀，并使煤炭有机质结构中的弱键及强键相继断裂，形成低分子量的化合物；

⑥ 溶剂可以溶解部分氢气，成为液化反应体系中活性氢的传递介质，使氢分子向煤或催化剂表面扩散。

若要具备上述作用，煤液化所用的供氢溶剂应具备下述条件：

① 供氢溶剂应有较高比率的供氢体，最好含有供氢能力较强的氢化芳烃。

② 溶剂中极性化合物的含量应尽量低，如多元酚类化合物的存在，极易使煤炭热解产生的自由基"碎片"发生聚合反应，降低煤液化油产率。在液化条件下，供氢溶剂应具有较好的流动性，且不溶物杂质和矿物质的含量要低。

③ 循环溶剂必须有足够高的沸点和黏度，以防输送过程中浆料变稠而堵塞反应器和液体控制阀等设备。

二、供氢溶剂的种类

根据相似者相溶的原理，溶剂结构与煤分子近似的多环芳烃对煤热解的自由基碎片有较强的溶解能力。溶剂溶解氢气的量符合亨利定律，氢气压力越高，溶解的氢气越多。溶解系数与溶剂性质及体系温度有关，但氢气有一个反常的特点，温度越高氢气的溶解系数越大。溶剂直接向自由基碎片供氢是煤液化过程中溶剂的特殊功能，研究发现，部分氢化的多环芳烃具有很强的供氢性能。例如，在实验室中煤液化时使用的四氢萘、十氢萘、二氢蒽、二氢菲等溶剂都是良好的供氢溶剂。在煤炭加工厂生产的副产物煤炭焦油组分，其中含有大量的多环芳烃，对其进一步加氢处理，可成为富含氢化芳烃组分的供氢溶剂，并可作为廉价供氢溶剂使用。

一般在煤液化工艺中，常使用的溶剂是液化过程产生的循环溶剂，即煤液化过程生成的重质油或中质油馏分，沸点范围一般为 200～460℃。如 EDS 工艺过程所用的循环溶剂有 80% 是沸点范围为 200～370℃之间的馏分油。该循环溶剂组分中含有与原料煤炭有机质相近的分子结构，如将其进一步加氢处理，在循环溶剂中将得到较多的氢化芳烃化合物。另外在液化反应时，含有重质组分的循环溶剂还有再加氢的作用，不但增加液化油产率，同时降低煤液化工艺成本。因此，实际煤液化工艺中多采用自身产生的液体产物作为循环溶剂。

煤液化装置开车时，没有循环溶剂，则需采用外来的其他油品作为起始溶剂。起始溶剂可以选用高温煤焦油中的脱晶蒽油，也可采用石油重油催化裂化装置产出的澄清油或石油常减压装置的渣油。

第四节 煤直接液化典型工艺

自从 1913 年，高温高压加氢催化煤直接液化方法出现后，许多国家都对煤直接液化进行了深入研究和探索，开发出煤液化方法不下百种。按过程工艺特点分类大致有：

① 煤直接催化加氢液化工艺；

② 煤加氢抽提液化工艺；

③ 煤热解和氢解液化工艺；

④ 煤油混合共加氢液化工艺；

⑤ 超临界萃取工艺。

但是，到目前为止，除中国神华煤直接液化装置实现大型化工业生产外，其他工艺由于各种原因仅停留在实验室研发或小试阶段，个别工艺完成了中试或小型化工业生产，在此，只介绍较为典型的煤直接液化工艺。

一、德国 IG 工艺和 IGOR 工艺

1. IG 工艺

1927 年，由德国燃料公司 I. G. Farbenindustrie 建成了世界上第一套煤直接加氢液化生

产装置,所以也称 IG 工艺,该工艺是世界其他国家开发同类工艺的基础。

IG 法采用烟煤、褐煤为原料,加氢液化制取发动机燃料。该工艺过程分为两段,第一段为煤糊相加氢,将固体煤初步转化为粗汽油和中油,为气相裂解加氢提供原料,工艺流程如图 2-13 所示。

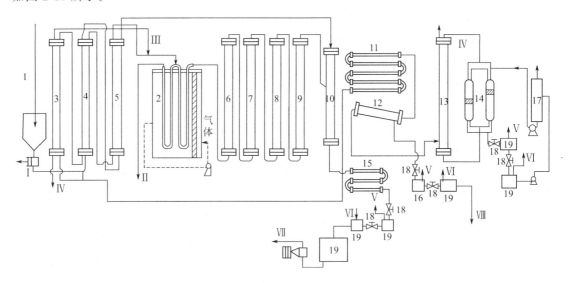

图 2-13 煤的液相加氢装置

1—具有液压传动的煤糊泵;2—管式加热炉;3~5—管束式换热器;6~9—反应塔;10—高温分离器;
11—高压产品冷却器;12—产品(冷却)分离器;13—洗涤塔;14—膨胀机;15—残渣冷却器;16—残渣罐;
17—泡罩塔;18—减压阀;19—中间罐

物料流:Ⅰ—稀煤糊;Ⅱ—浓煤糊;Ⅲ—循环气;Ⅳ—吸收油;Ⅴ—加氢所得贫气;Ⅵ—加氢所得富气;
Ⅶ—去加工的残渣;Ⅷ—去精馏的加氢物

第二段为气相裂解加氢,将前段的中间产物加氢裂解为汽油,工艺流程如图 2-14 所示。由备煤、干燥工序来的煤与催化剂和循环油一起在球磨机内湿磨制成煤糊后用高压泵输送并与氢气混合后送入热交换器,与从高温分离器顶部出来的热油气换热,随后送入预热器预热到 450℃,再进入 4 个串联的加氢反应器。反应后的物料先进入高温分离器,气体和油蒸气与重质糊状物料(包括重质油和未反应的煤、催化剂等)在此分离,前者经过热交换器后再到冷分离器分出气体和油,气体的主要成分为氢气,经洗涤除去烃类化合物后作为循环气再返回到反应系统,从冷分离器底部获得的油经蒸馏得到粗汽油、中油和重油。

高温分离器底部排出的重质糊状物料经离心过滤分离为重质油和残渣,离心分离重质油与蒸馏重油混合后作为循环溶剂油返回煤糊制备系统,制备煤糊;残渣采用干馏方法得到焦油和半焦。

蒸馏得到的粗汽油和中油作为气相加氢原料,从罐中泵出,通过初步计量器、硫或硫化氢饱和塔和过滤器后与循环气混合后进入顺次排列的高压换热器换热,再进入管式气体加热炉预热。从加热炉出来的原料蒸气混合物进入 3 个或 4 个顺次排列的固定床催化加氢反应塔。催化加氢装置的操作压力为 32.5MPa,反应温度维持在 46~360℃范围内。

从反应塔 13 出来的加氢产物蒸气送至换热器,换热后的产品气进入高温冷却器 14,冷

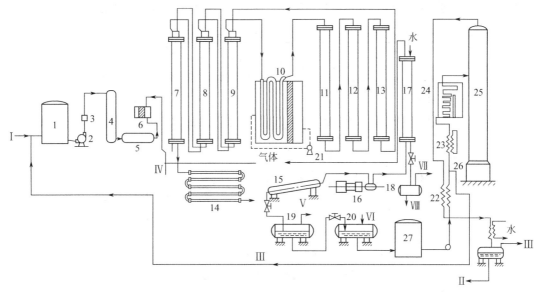

图 2-14 气相加氢过程的汽油化装置的流程图

1—罐；2—离心泵；3—计量器；4—硫化氢饱和塔；5—过滤器；6—高压泵；7~9—高压换热器；
10—对流式管式炉；11~13—反应塔；14—高温冷却器；15—产品分离器；16—循环泵；17—洗涤塔；
18~20—罐；21—泵；22,23—换热器；24—管式炉；25—精馏塔；26—泵；27—中间罐

物料流：Ⅰ—来自预加氢装置；Ⅱ—去精制和稳定的汽油；Ⅲ—二次汽油化的循环油；
Ⅳ—新鲜循环气（98% H_2）；Ⅴ—贫气；Ⅵ—富气；Ⅶ—加氢气；Ⅷ—排水

却后再进入产品分离器 15，用循环泵 16 从分离器抽出气体，气体通过洗涤塔后作为循环气又返回系统。从分离器得到的加氢产物进入中间罐 27，然后由泵 21 送入精馏装置。从精馏装置得到的汽油为主要产品，塔底残油返回作为加氢原料。

在 IG 工艺中，常用的催化剂和反应条件如表 2-5 所示，在液相加氢段，主要是采用炼铝工业的废弃物拜耳赤泥、硫酸亚铁和硫化钠。后者作用是中和煤中的氯在加氢中生成的 HCl。气相加氢段则主要以白土为载体的硫化钨催化剂。

表 2-5 IG 工艺常用的催化剂和反应条件

项目	原料	反应压力/MPa	催化剂
液相加氢段	烟煤	70	拜耳赤泥、$FeSO_4 \cdot 7H_2O$ 和 Na_2S
	烟煤	30	拜耳赤泥、草酸锡和 NH_4Cl
	褐煤	30~70	拜耳赤泥和其他含铁矿物
气相段（Ⅰ）	中油	70	Mo、Cr、Zn、S，载体为 HF 洗过的白土
气相段（Ⅱ）	中油预加氢	30	WS_2、NiS 和 Al_2O_3
	中油后加氢	30	WS_2 和 HF 洗过的白土

2. IGOR 工艺

可以看出，IG 工艺的系统比较复杂，而且操作条件，尤其是反应压力很高。1981 年，德国环保与原材料回收公司与德国矿冶技术检测有限公司联合开发了更为先进的煤加氢液化与加氢精制一体化联合工艺 IGOR（integrated gross oil refining）。在德国 Bottrop 建立了

200吨/日工业试验装置，于1987年结束试验，共用煤16万吨。IGOR工艺流程见图2-15。

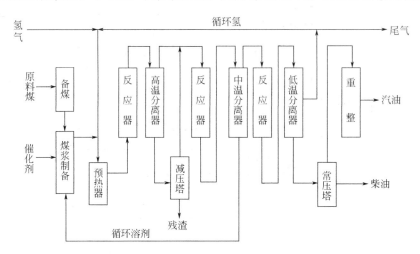

图 2-15　德国 IGOR 工艺流程图

(1) 工艺流程　将粒度<0.2mm的煤粉和催化剂赤泥，主要组成为Fe_2O_3（2%）与循环溶剂按1:1.2比例混合，用泵将其送入煤浆预热器与反应系统返回的循环氢和补充的新鲜氢气一起泵入液化反应器中。反应器操作液化温度为470℃，反应压力为30MPa，反应器空速$0.5t/(m^3 \cdot h)$。煤经高温液化后，反应器顶部排出的液化产物进入到高温分离器中，在此将轻质油气、难挥发有机液体及未转化的煤等产物分离。其中重质产物经高温分离器下部减压阀排出被送入真空闪蒸塔，在此分出塔底残渣和闪蒸油。残渣直接送往气化制氢工艺生产氢气。真空闪蒸塔顶流出的闪蒸油与从高温分离器分出的气相产物一并送入第一固定床加氢反应器。

加氢反应器操作温度为350～420℃。加氢后的产物被送入中温分离器，在分离器底部排出重质油，经储油罐收集后，将其返回到煤浆混合罐中循环使用。从中温分离器顶部出来的馏分油气送入第二固定床反应器再进行一次加氢处理，由此得到的加氢产物送往气液分离器。从中分离出的轻质油气被送入气体洗涤塔。从中可回收轻质油，并储存在储油罐中。洗涤塔顶排出的富氢气体产物经循环压缩机压缩后返回到工艺系统中循环使用。为保持循环气体中氢气的浓度达到工艺要求，还需补充一定量的新鲜氢气。由汽液分离器底部排出的馏分油送入油水分离器，分离出水后的产品油可以进一步精制。

(2) 工艺特点　与老工艺相比，德国IGOR工艺改进的主要内容如下。

① 液化残渣的固液分离由过滤改为减压蒸馏，设备处理能力增大，操作简单，蒸馏残渣在高温下仍可用泵输送；

② 循环油由重油改为中油与催化加氢重油混合油，不含固体，也基本上不含沥青烯，煤浆黏度大大降低，溶剂的供氢能力增强，反应压力由70MPa降至30MPa，反应条件相对缓和些；

③ 液化残渣不再采用低温干馏，而直接送去气化制氢；

④ 把煤的糊相加氢与循环溶剂加氢和液化油提质加工串联在一套高压系统中，避免了分离流程物料降温降压又升温升压带来的能量损失，并且在固定床催化剂上还能把CO_2和

CO甲烷化，使碳的损失量降到最低限度；

⑤ 煤浆固体浓度大于50%，煤处理能力大，反应器供料空速可达0.6kg/(L·h)（干燥无灰基煤）。

经过这样的改进，油收率增加，产品质量提高，过程氢耗降低，总的液化厂投资可节约20%，能量效率也有较大提高，热效率超过60%。

另外，IGOR工艺生产的精制合成原油与传统煤液化工艺得到的合成原油性质完全不同．其油品是无色透明状物质。通常煤液化生产的合成原油含有大量的多核芳烃，其中O、N及S等杂环化合物及酚类化合物对人体健康及生产操作环境都有较大的危害，而IGOR工艺是将煤液化及液化油加氢精制和油品的饱和处理等工艺过程集成为一体，所得的液化油没有一般煤制液化油的臭味，不生成沉淀，也不变色，消除了对人体有害的毒性物质。该工艺精制合成原油产品中的杂原子含量仅为10^{-5}数量级。

表2-6为以德国烟煤为原料的IGOR工艺的物料平衡数据。

表2-6　IGOR工艺的物料平衡

输入/%（质量）		产出/%（质量）	
煤(daf)	100	产品油	54.8
灰(d)	4.6	C_5+气体烃	5.5
水分	4.2	C_1～C_4气体烃	16.9
催化剂	1.2	CO_x	10.0
Na_2S	0.4	H_2S	0.9
H_2	10.6	NH_3	0.8
		生成水	6.5
		煤中水	4.6
		闪蒸残渣	21.0
总量	121.0	总量	121.0

概括起来，IGOR工艺具有以下显著的特点。

① 煤液化反应和液化油的提质加工被设计在同一高压反应系统内，可得到杂原子含量极低的精制燃料油。该工艺缩短了煤液化制合成油工艺过程，使生产过程中循环油量、气态烃生成量及废水处理量减少。

② 煤液化反应器的空速达到0.5t/(m^3·h)，比其他煤液化工艺的反应器空速[0.24～0.36 t/(m^3·h)]高。对同样容积的反应器，可提高生产能力50%～100%。

③ 制备煤浆用的循环溶剂是本工艺生产的加氢循环油，因而溶剂具有较高的供氢性能，有利于提高煤液化率和液化油产率。

④ IGOR工艺设置有两段固定床加氢装置，使制备的成品煤液化油中稠环芳烃、芳香氨和酚类物质的含量极少，成品油质量高。

二、美国EDS工艺和日本NEDOL工艺

1. 美国EDS工艺

EDS（Exxon Donor Solvent）工艺是由美国EXXON石油公司于1966年首先开发的对循环溶剂进行加氢的直接液化工艺，又称供氢溶剂煤液化工艺。即让循环溶剂在进入煤预处理过程之前，先经过固定床加氢反应器对溶剂加氢，以提高溶剂的供氢性能。该工艺1979

年在德州建成了250t/d的中试厂,累计运行了2.5年。它适应煤种范围宽,进行的工艺改进后,建设并完成250t/d的中试装置运转试验,为工业化生产积累了经验。

(1) 工艺流程　EDS煤液化工艺流程见图2-16。将原料煤破碎、干燥后与供氢溶剂混合制成煤浆,煤浆与氢气混合后预热到430℃,送入液化反应器,在反应器内由下向上活塞式流动,进行萃取加氢液化反应,反应温度430~480℃、压力10~14MPa,停留时间30~45min。供氢溶剂的作用是使煤分散在煤浆中并把煤流态化输送通过反应系统,并提供活性氢对煤进行加氢反应。液化反应器出来的产物送入气液分离器,在此烃类和氢气从液相中分出,气体经洗涤、分离获得富氢气循环利用,气态烃通过水蒸气重整制氢气,供反应系统使用。液相产物进入常压蒸馏塔,蒸出轻油,塔底产物进入减压蒸馏塔分离出轻质燃料油、重质燃料油和石脑油产品。部分轻质燃料油用催化剂加氢后制成再生供氢溶剂,供制浆循环油。减压蒸馏器的残渣浆液送入灵活焦化器,将残渣浆液中的有机物转化为液体产品和低热值煤气,也可将残渣气化制取氢气,提高了碳的转化率。部分重油(200~450℃)送固定床催化反应器进行加氢,提高供氢能力,作为循环供氢溶剂。

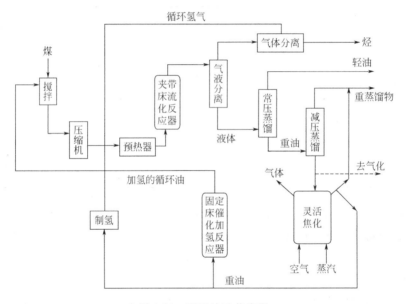

图2-16　EDS法工艺流程

(2) 工艺特点

① 在一次液化段,在分子氢和富氢供氢体溶剂存在的条件下,煤在非催化剂作用下加氢液化,由于使用了经过专门加氢的溶剂,增加了煤液化产物中的轻馏分产率和过程操作稳定性。

② 供氢体溶剂是从液化产物中分出的切割馏分,并且经过催化加氢恢复了其供氢能力。使溶剂加氢和煤加氢液化分开进行,避免了重质油、未反应煤和矿物质与高活性的Ni/Mo催化剂直接接触,可提高催化剂的使用寿命。

③ 全部含有固体的产物通过蒸馏段,分离为气体燃料、石脑油、其他馏出物和含固体的减压塔底产物,且减压塔底产物在灵活焦化装置中进行焦化气化,液体产率可增加5%~10%。

④ 液化反应条件比较温和，反应温度 430~470℃，压力为 11~16MPa。

⑤ 灵活焦化（Flexicoking）是一种一体化的循环流化床焦化气化反应装置，见图 2-17。灵活焦化装置，可用来进一步回收蒸馏塔底残渣中含有的碳化物，来提高液化油的产率。该装置通常用于石油渣油的工艺中，主要是由流化焦化和流化气化反应器集成构成的。操作温度 485~650℃，压力小于 3MPa。当 EDS 系统残渣部循环时，残渣进入灵活焦化装置，在提高液化油产率的同时，还可以增加低热值燃气和焦炭的产率。当其与残渣循环工艺结合时，又可达到灵活调节液化油产物分布的目的。

EDS 供氢溶剂法的液化煤种主要是烟煤。液化烟煤时，C_1~C_4 气体烃产率为 22%，馏分中石脑油占 37%，中质油（180~340℃）占 37%。埃克森公司于 1985 年完成日处理煤 250t 的中试试验，当采用部分残渣循环后，烟煤液化的油收率达 55%~60%，次烟煤为 40%~55%，褐煤为 47%，液化产品主要是轻质油和中质油。

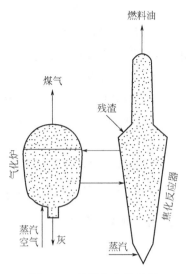

图 2-17 灵活焦化装置图

2. 日本 NEDOL 工艺

20 世纪 80 年代，日本开发了 NEDOL 烟煤液化工艺，该工艺实际上是 EDS 工艺的改进型，改进之处是在液化反应器内加入铁系催化剂，反应压力也提高到 17~19MPa，循环溶剂是液化重油加氢后的供氢溶剂，供氢性能优于 EDS 工艺。通过上述改进，液化油收率有较大提高。1996 年 7 月，在日本鹿岛建成 150t/d 的中试厂投入运转，至 1998 年，该中试厂已完成了运转两个印尼煤和一个日本煤的试验，液化油的收率达到 58%（质量分数）（干基无灰煤），煤浆的浓度达 50%，取得了工程放大设计参数。

（1）工艺流程　NEDOL 工艺流程如图 2-18 所示。从原料煤浆制备工艺过程送来的含铁催化剂煤浆，经高压原料泵加压后，与氢气压缩机送来的富氢循环气体一起进入预热器内加热到 387~417℃，然后进入高温液化反应器内，操作温度为 450~460℃，压力为 16.8~18.8MPa，空速为 0.36t/(m³·h)。反应后的液化产物送往高温分离器、低温分离器以及常压蒸馏塔中进行分离，得到轻油和常压塔底残油。后者经加热后送入真空闪蒸塔，分离得到

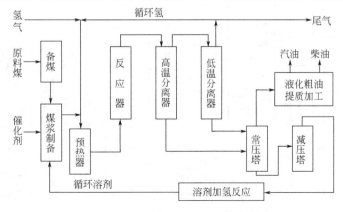

图 2-18 日本 NEDOL 工艺流程

重质油和中质油及残渣。其中重质油和部分用于调节循环溶剂量的中质油作为加氢循环溶剂进入加氢反应器，反应器内部的操作温度为290～330℃，反应压力为10.0MPa，催化剂采用合成硫化铁或天然硫铁矿。

(2) 工艺特点

① 反应条件比较温和。压力较低，为16.8～18.8MPa；温度不是太高，为450～460℃。

② 催化剂价格较低廉。采用合成硫化铁或天然硫铁矿。

③ 固液分离技术相对可靠。采用减压蒸馏的方法。

④ 循环溶剂供氢能力较强。配煤浆用的循环溶剂单独加氢，提高了溶剂的供氢能力。

⑤ 液化油含有较多的杂原子，还需加氢提质才能获得合格产品。

三、美国 HTI 工艺

20世纪70年代中期以来，美国碳氢技术公司（HTI）的前身HRI公司就开始从事煤加氢液化技术的研究和开发工作。他们首先利用已得到普遍工业化生产的沸腾床重油加氢裂化工艺研发了 H-Coal 煤液化工艺，并以此为基础，将之改进成两段催化液化工艺（TSCL）。后来，利用近十几年开发的悬浮床反应器和拥有自主知识产权的铁基催化剂对该工艺进行了改进，形成了HTI煤液化新工艺。

该工艺的第一段和第二段都是装有高活性加氢和加氢裂解催化剂（Ni、Mo或Co、Mo）的沸腾床反应器，两个反应器既分开又紧密相连，可以使加氢裂解和催化加氢反应在各自的最佳条件下进行。液化产物先用氢淬冷，重质油回收作溶剂，排出的产物主要组成是未反应煤和灰渣。

1. 工艺流程

HTI工艺流程如图2-19所示。煤与循环溶剂混合配成煤浆，循环溶剂中包括加氢反应器中产生的含有固体的产品以及蒸馏时产生的重质和中质馏分。然后加入氢气，混合物被预热后进入沸腾床加氢反应器，该反应器是该液化工艺的一个独特之处。该反应器的工作温度为425～455℃，工作压力为17MPa。该反应器使用常规的载体加氢催化剂，可以使用以铝

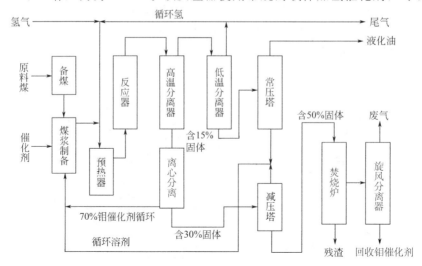

图 2-19　美国 HTI 工艺流程

为载体的镍钼或者钴钼催化剂。通过泵使流体内循环而使催化剂流化，进口位于催化剂流态化的上界，但仍然位于反应器的液体区域之内。循环流中包含未发生反应的固体煤。

反应器的产物进入闪蒸分离器。分离器顶部馏分中的液体被冷凝后，进入常压蒸馏塔中，生产石脑油和中质馏分。闪蒸塔底部残余物被送到水力旋流器中。水力旋流器顶部产生的液体中含有1%~2%的固体成分，这些液体被循环到煤浆制备段。从水力旋流器底部流出的液体进入减压蒸馏塔中。减压蒸馏塔中的固体被从底部排出，减压蒸馏物作为部分最终产品。

2. 工艺特点

由于用于产生蒸馏液体的加氢裂解反应是放热量很大的反应，因此精确控制温度对于工程放大至关重要。沸腾床反应器相比固定床反应器有许多优点，因为前者反应器中的物质被充分混合，并宜于进行温度监测和控制。另外，沸腾床反应器可以在运行期间更换其催化剂，这样可以保持催化剂良好的活性。这一点对于使用载体的催化剂尤其重要，因为虽然这些催化剂开始时活性较强，但在进行煤液化的过程中这些催化剂的减活速度较快。其主要特点如下。

① 采用特殊的液体循环沸腾床反应器，达到全返混反应器模式；
② 采用HTI专利技术制备的铁系胶状催化剂，催化活性高，用量少；
③ 反应条件比较温和，反应温度440~450℃，反应压力17MPa；
④ 在高温分离器后面串联有在线加氢固定床反应器，对液化油进行加氢精制；
⑤ 固液分离采用超临界溶剂萃取的方法，从液化残渣中最大限度回收重质油，从而大幅度提高了液化油收率。

四、前苏联 FFI 工艺

前苏联在20世纪70~80年代针对世界上较大的煤田[堪斯克-阿钦斯克、库兹尼茨（西伯利亚）等煤田]的煤质特点，开发了低压（6~10MPa）煤直接加氢液化工艺。该工艺采用乳化Mo催化剂，反应温度425~435℃，糊相加氢阶段反应时间为30~60min，于1983年建成了处理煤量为5~10t/d"CT-5"中试装置，试验运行了7年，并以此为基础，先后完成了规模为75t/d和500t/d煤的大型中试厂的详细工程设计，并初步完成年产$50×10^4$t油品的煤直接液化厂的工程设计。

1. 工艺流程

前苏联低压煤直接加氢液化工艺流程见图2-20。经干燥、粉碎的煤粉与来自过程的两股溶剂、乳化Mo催化剂混合制浆，煤浆与氢气一起进入预热炉加热后流进加氢液化反应器，在反应温度425~435℃、压力6~10MPa下停留30~60min。出反应器的物料进入高温分离器，高温分离器的底料（含固体约15%）通过离心分离回收部分溶剂（由于Mo催化剂呈乳化状态，在此股溶剂中可回收约70%的Mo），返回制备煤浆。离心分离的固体物料进入减压蒸馏塔，减压塔的塔顶油与常压蒸馏塔的油一起作为煤浆制备的循环溶剂，减压塔含固体约50%的塔底物送入焚烧炉焚烧，控制焚烧温度在1600~1650℃，使残渣中的催化剂Mo蒸发，然后在旋风分离器中冷却、回收。

从高温分离器顶部出来的气态产物引入低温分离器，顶部出来的富氢气体经净化后作为

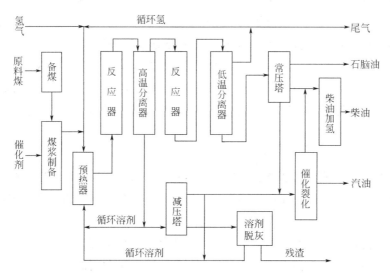

图 2-20　前苏联低压煤直接加氢液化工艺流程

循环气体返回加氢反应系统，底部的液相和部分离心分离的溶剂一起进入常压蒸馏塔，获得轻、重馏分即为液化粗油，经进一步加氢精制和重整得到汽油馏分、柴油馏分等产品，常压塔底流出物返回制浆系统作为循环溶剂。

2. 工艺特点

① 使用加氢活性很高的 Mo 催化剂，并且 Mo 能高效回收。并采用离心溶剂循环和焚烧两步措施回收催化剂 Mo，全过程 Mo 的回收率达 95%～97%。

② 煤糊液化反应器压力低，反应温度不高，有利于降低工程总投资和操作运行费用。褐煤加氢液化压力为 6.0MPa，烟煤、次烟煤加氢液化压力为 10.0MPa，反应温度为 425～435℃。

③ 采用瞬间涡流仓煤干燥技术，有利于煤加氢液化反应的强化。原料煤在一个特殊的涡流舱内被惰性气体快速加热（升温速度为 1000℃/min 以上），并发生爆炸式的脱水干燥、气孔爆裂、热粉碎以及热裂解，水分在很短的时间内降到 1.5%～2%，并使煤的比表面积增加了数倍，有利于改善反应活性。在煤干燥的同时可以增加原料煤的比表面积和孔容积，并可以减小煤颗粒粒度。

④ 采用半离线固定床催化反应器对液化粗油进行加氢精制，便于操作。

对原料煤种的要求比较高，适用于高活性、未氧化原料煤，而且对煤灰成分也有较高的要求。该技术主要适用于对含内在水分较高的褐煤进行干燥。但是对烟煤液化时，必须把压力提高。

五、神华煤直接液化工艺

神华单套年产 $108×10^4$ t 油品煤直接液化装置，位于内蒙古马家塔，是当今世界首套真正工业规模的大型煤直接液化装置。该装置于 2004 年 8 月动工，2008 年 5 月建成，于 2009 年正式投产。

神华煤制油有限公司采用的催化剂是自行开发具有自主知识产权的煤直接液化高效催化剂，是国家高技术研究发展计划（"863"计划）的科研成果。

催化剂产品为细粉状黑色固体，主要成分为煤粉、FeOOH 和少量的硫酸铵。催化剂产品粒度 200 目筛余物＜20%。产品的性能按神华煤直接液化高效催化剂，即"863"煤液化高效催化剂的各项指标见表 2-7。

表 2-7 "863"煤液化高效催化剂的各项指标

序号	项目	单位	指标	备注
1	粒度≤200 目($74\mu m$)	%（质量分数）	≥80	
	≤$210\mu m$	%（质量分数）	100	
	≤$100\mu m$	%（质量分数）	89	
	≤$90\mu m$	%（质量分数）	86	
	≤$75\mu m$	%（质量分数）	80	
	≤$45\mu m$	%（质量分数）	45	
	≤$5\mu m$	%（质量分数）	0	
2	堆积密度	t/m^3	0.47	
3	水分	%（质量分数）	4	

液体硫加到工艺中（煤浆进料泵的下游，以尽量减少煤浆混合罐和塔顶系统的环境问题），把硫与铁的分子比调整到 2∶1。

液化反应器在氢（还原）环境中，通过以下反应形成活性催化剂。

$$S+H_2 \longrightarrow H_2S$$
$$14FeOOH+16H_2S+5H_2 \longrightarrow 2Fe_7S_8+28H_2O$$

设计干煤进料的铁原子的添加量是干煤进料的 1%，催化剂添加率较高可以提高煤和渣油的转换率，但是会增加减压塔底油的收率。为保持塔底油 50% 的固体颗粒，每添加 1% 的催化剂，要损失等量进塔底的油。降低催化剂添加率会减少煤和渣油的转化率，但是也会减少减压塔底油的固体颗粒，能够回收更多的液体。

1. 工艺流程

神华煤直接液化工艺流程如图 2-21 所示。

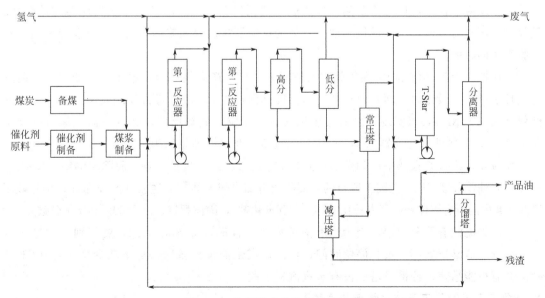

图 2-21 神华煤直接液化工艺流程

煤与催化剂、循环溶剂混合配成煤浆，采用全部加氢溶剂后，煤浆浓度为45%时，黏度为90cP（60℃），煤浆浓度为48%时，黏度为240cP（60℃）。加入循环氢后在382℃下进入第一加氢反应器中，出第一反应器的工作温度为455℃，再加入循环氢后于415℃下进入第二加氢反应器中，出第二反应器的工作温度为455℃。两反应器工作压力为17MPa。两反应器底部物料通过泵使流体内循环而使催化剂流化，循环流中包含未发生反应的固体煤。

出第二反应器的产物进入高温分离器分离，顶部分离出的轻相再打入低温分离器分离，不凝气作为加氢循环气返回两反应器。高温分离器和低温分离器底部分离出的重相进入常压塔蒸馏，分离出的重相再经减压塔蒸馏。残渣由减压塔底排出。将常压蒸馏塔全部馏出物和减压蒸馏塔的全部馏出物输入T-Star装置，按供氢溶剂要求的深度加氢后提供供氢溶剂。再经分离器分离脱出不凝气后再经分馏塔分离即可在塔顶得到产品油，分馏塔底部分离出的重油作为循环溶剂用于煤浆制备。

神华煤直接液化工艺包括3个主要工段，即煤浆制备工段、反应工段和油浆分馏工段。

（1）煤浆制备工段　煤浆制备工段目的：接收和提供干煤粉缓冲能力；煤与供氢溶剂和863催化剂浆料混捏。

煤和供氢溶剂混合，制备混合好的煤-油-催化剂浆；煤-油-催化剂浆用泵送入反应器；把少量液体硫和制备好的煤浆混合，以保持反应器中的H_2S浓度。

煤粉进料规定粒径要小于200目，以确保与供氢溶剂和863催化剂良好混合，尽量减少在管线和设备中的滞留和堵塞。接收的煤是干的（水的质量分数低于4%）。煤粉进料要与热供氢溶剂混捏以减少给煤系统中的灰分，避免产生过量的水分，还可先把催化剂与煤进料混合，促使煤与催化剂接触。

提供一段混合罐有1h的停留时间，保持一定的停留时间是为了确保混合完全及潜在的煤膨胀和溶解所需的时间。并且提供高压泵进料的缓冲能力。提供3条平行独立的煤进料和混合系列以达到设计煤浆进料率。

（2）反应工段　反应工段目的：煤浆进料的预热和反应；冷却和分离反应器排放轻烃，氢经过高压膜分离回收；降低供给油浆分馏的反应器排出煤油浆的压力；压缩新氢和通过高压膜系统回收的氢。

反应器是上流气体-液体-固体颗粒反应器，由煤浆产品循环保持最小反应器温差，通过再循环泵进料。设计时，两台反应器出口温度都保持在455℃。每台反应器出口的氢分压最低保持在12.5MPa，以实现理想的煤液化反应。反应是放热反应，并且是低温原料（反应器R-201），急冷油（反应器R-202）用于反应急冷及保持理想的床层温度。

反应器排出油浆在热中压闪蒸罐中急冷到412℃，以尽量减少氢气脱除时的结焦反应。

（3）油浆分馏工段　分馏工段目的：回收所有馏出煤液体产品送入T-Star单元；排除减压塔底油浆中的所有固体颗粒（未转化的煤、灰和催化剂），固体颗粒含量为50%（质量分数）。

馏出物流没有馏分规定，因为所有液体都要汇合送入T-Star单元，要特别注意尽量减少结焦（容器锥形底部，最少停留时间，低温，煤浆油浆再循环以尽量减少跳动）。由于黏度高并有可能结焦，分馏塔塔底没有蒸汽汽提工段。

2. 神华煤直接液化工艺技术特点和优势

神华在充分消化吸收国外现有煤直接液化工艺的基础上，利用先进工程技术，经过工艺开发创新,依靠自身技术力量,形成了具有自主知识产权的神华煤直接液化工艺。

(1) 神华煤直接液化工艺技术特点

① 采用超细水合氧化铁（FeOOH）作为液化催化剂。以 Fe^{2+} 为原料,以部分液化原料煤为载体,制成的超细水合氧化铁,粒径小、催化活性高。

② 过程溶剂采用催化预加氢的供氢溶剂。煤液化过程溶剂采用催化预加氢,可以制备 45%~50%流动性好的高浓度油煤浆;较强供氢性能的过程溶剂可以防止煤浆在预热器加热过程中结焦,供氢溶剂还可以提高煤液化过程的转化率和油收率。

③ 强制循环悬浮床反应器。该类型反应器使得煤液化反应器轴向温度分布均匀,反应温度控制容易;由于强制循环悬浮床反应器气体滞留系数低,反应器液相利用率高;煤液化物料在反应器中有较高的液速,可以有效阻止煤中矿物质和外加催化剂滞留。

④ 减压蒸馏固液分离。减压蒸馏是一种成熟有效的脱除沥青和固体的分离方法,减压蒸馏的馏出物中几乎不含沥青,是循环溶剂催化加氢的合格原料,减压蒸馏的残渣含固体50%左右。

⑤ 循环溶剂和煤液化初级产品采用强制循环悬浮床加氢。悬浮床反应器较灵活地催化,延长了稳定加氢的操作周期,避免了固定床反应由于催化剂积碳压差增大的风险;经稳定加氢的煤液化初级产品性质稳定,便于加工;与固定床相比,悬浮床操作性更加稳定、操作周期更长、原料适应性更广。神华示范装置运行结果表明,神华煤直接液化工艺技术先进,是唯一经过工业化规模和长周期运行验证的煤直接液化工艺。

(2) 神华煤直接液化工艺技术优势

① 单系列处理量大。由于采用高效煤液化催化剂、全部供氢性循环溶剂以及强制循环的悬浮床反应器,神华煤直接液化工艺单系列处理液化煤量为6000t/d。国外大部分煤直接液化采用鼓泡床反应器的煤直接液化工艺,单系列最大处理液化煤量为每天2500~3000t。

② 油收率高。神华煤直接液化工艺由于采用高活性的液化催化剂,添加量少,蒸馏油收率高。

③ 稳定性好。神华煤直接液化工艺采用经过加氢的供氢性循环溶剂,溶剂性质稳定,煤浆具有较好的输送性和较高的稳定性。同时神华煤直接液化工艺采用悬浮床加氢反应器,实现循环溶剂和液化初级产品的稳定加氢,提高神华煤直接液化工艺的整体稳定性。

④ 反应条件缓和。神华煤直接液化工艺中溶剂采用全部加氢的供氢性能好的循环溶剂以及高活性、高分散性合成铁煤液化催化剂,降低煤液化反应的苛刻条件,同时可以保证煤的液化转化率,反应温度455℃,反应压力19 MPa。

3. 神华直接液化催化剂

以上五种直接液化工艺的对比结果详见表2-8。

表2-8 五种直接液化工艺的对比结果

项目	IGOR	NEDOL	HTI	FFI	神华
开发时间(20世纪)	70年代后	80年代后	70年代后	70~80年代	2004年
开发国家	德国	日本	美国	俄罗斯	中国
工业化程度	可以	可以	可以	未进行	已进行
反应器类型	鼓泡床	鼓泡床	悬浮床	平推流	强制内循环悬浮床

续表

项目	IGOR	NEDOL	HTI	FFI	神华
温度/℃	470	465	440~450	425~435	455
压力/MPa	30	18	17	6~10	19
催化剂	炼铝赤泥	天然黄铁矿	GelCaTM	乳化Mo	人工合成铁基
用量/%	3~5	3~4	0.5	0.02~0.05	1.0
固液分离方法	减压蒸馏	减压蒸馏	临界溶剂萃取	减压蒸馏	减压蒸馏
在线加氢	有	无	有或无	有	无
循环溶剂加氢	在线	离线	部分	半离线	离线
工业性规模/(t/d)	200	150	600	75(未完成)	8000
试验煤	先锋褐煤	神华煤	神华煤	褐煤烟煤次烟煤	神华煤
转化率/%	97.5	89.5	93.5	—	91.7
生成水/%	28.6	7.3	13.8		10.5
烯烃油/%	58.6	52.8	67.2		56
残渣/%	11.7	28.1	13.4		20
氢耗/%	11.2	6.1	8.7		8.8

第五节　煤直接液化初级产品及其提质加工

煤直接液化工艺所生产的液化粗油还含有相当数量的氧、氮、硫等杂原子，芳烃含量也较高，色相与储藏稳定性等较差，保留了液化原料煤的一些性质特点，还必须对其再加工才能获得合格的汽油、柴油等产品。煤液化粗油通常采用加氢精制的方法脱除杂原子，加氢改质使柴油十六烷值达到标准，对汽油馏分进行重整，提高汽油的辛烷值或再通过芳烃抽提得到苯、甲苯、二甲苯等产品。表2-9为液化油汽油馏分与石油汽油馏分性质的比较，表2-10为液化油柴油馏分与石油柴油馏分性质的比较。

表2-9　液化油汽油馏分与石油汽油馏分性质的比较

项目	液化油	石油	GB
O(质量分数)/%	2.2	0	
S(质量分数)/10^{-6}	560	300	<100
N(质量分数)/10^{-6}	3000	10	<5
胶质/(mg/100mL)	150	0	>90
辛烷值(RON)	56	65~70	

表2-10　液化油柴油馏分与石油柴油馏分性质的比较

项目	液化油	石油	GB
O(质量分数)/%	1.3	0	
S(质量分数)/10^{-6}	100	13003	<500
N(质量分数)/10^{-6}	6500	40	>45
十六烷值	14	56	

一、煤直接液化初级产品（液化粗油）的性质

煤液化粗油的性质与所用煤种、液化工艺及液化条件等因素密切相关，特别是使用高活

性催化剂对提高煤液化转化率具有重要作用,因此,不同煤液化工艺所制备的煤液化产物的物理和化学性质差别较大。煤液化得到的产物是非常复杂的混合物,分子量分布很宽,从低沸点的气体和汽油到高沸点的重质油及液化残渣等产物,分子量逐渐增高。

图 2-22 为从 SRC、H-Coal 和 Synthoill 等几个典型工艺得到的煤液化产物中芳香碳质量含量与 C/H 原子比间的关系。从图中可以看出,随煤液化加氢深度的提高,煤液化工艺得到的液体产物中 C/H 原子比和芳碳率都降低。

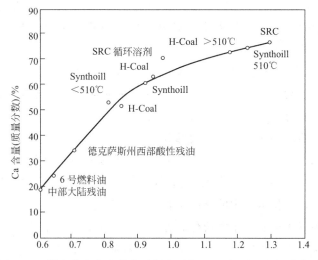

图 2-22 煤液化产物中芳碳质量含量与 C/H 原子比之间的关系

表 2-11 为几种不同煤直接液化工艺得到的煤液体产品性质。由表中数据可见,氢-煤工艺制备的煤液体杂原子含量较低,SRC 工艺得到的产品杂原子含量较高。

表 2-11 各种煤液体与燃料油的性质比较

项　目		SRC 工艺	氢-煤工艺	Synthoill 工艺	石油 6 号燃料油
		元素分析(质量分数)/%			
碳		87.9	89.0	87.6	86.4
氢		5.7	7.9	8.0	11.2
氧		3.5	2.1	2.1	0.3
氮		1.7	0.77	0.97	0.41
硫		0.57	0.42	0.43	1.96
灰		0.01	0.02	0.68	
初馏点/℃			250	222	175
模拟蒸馏温度/℃	15%	510	312	264	
	20%	>510	327	279	379
	50%	>510	404	379	478
	70%	>510	>517	>477	>532
	90%	>510	>517	>477	>532
终馏点/℃		>510	>517	>477	>532
芳香度/%		77	63	61	24
C/H 原子比		1.29	0.94	0.92	0.45

对日本太平洋煤进行了催化加氢（Adkiris催化剂，360～390℃，1h），并对所得反应混合物进行了分离，其中由正己烷萃取所得油馏分的进一步分离过程包括碱洗、酸洗、真空蒸馏和对所得三种低沸点馏分进行液相色谱分取，分析结果表明：所分取的馏分中饱和烃的含量最高，其中直链烷烃占各馏分的9%～13%，其他饱和烃包括异戊二烯类（C_{15}，C_{16}，C_{18}～C_{20}）、支链烷烃、烷基环己烷和萜类化合物等，随馏分的沸点上升，检测出少量苯族烃和较多2～3环芳烃。

研究人员还对美国、德国及中国的依兰、神华等煤在一些液化工艺装置上的液化粗油性质进行研究，从以上研究结果可以看出，对煤液化粗油的性质做一准确的描述是比较困难的，但可以概括出一些共同特性：

煤液化粗油的杂原子含量非常高，氮含量范围为0.2%～2.0%，典型的氮含量在0.9%～1.1%（质量分数）的范围内，是石油氮含量的数倍至数十倍，杂原子氮可能以咔唑、喹啉、氮杂菲、氮蒽等形式存在；硫含量范围为0.05%～2.5%，一般为0.3%～0.7%（质量分数），低于石油的平均硫含量，大部分以苯并噻吩和二苯并噻吩衍生物的形态存在；氧含量范围可以从1.5%（质量分数）一直到7%（质量分数）以上，具体取决于煤种和液化工艺，一般为4%～5%（质量分数）。有在线加氢或离线加氢的液化工艺，由于液化粗油经过了一次加氢精制，液化粗油中的杂原子含量大为降低。

煤液化粗油中的灰含量取决于固液分离方法，采用旋流分离、离心分离、溶剂萃取沉降分离的液化粗油中含有灰，这些灰在采用催化剂的提质加工过程中，会引起严重的问题。采用减压蒸馏进行固液分离的液化粗油中不含灰。

液化粗油中的金属元素种类与含量与煤种和液化催化剂有很大关系，一般含有铁、钛、硅和铝等。

煤液化粗油的馏分分布与煤种和液化工艺关系很大，一般分为轻油[质量占液化粗油的15%～30%，又可分为轻石脑油（初馏点～82℃）和重石脑油（82～180℃）]、中油（180～350℃，占50%～60%）、重油（350～500℃或540℃，占10%～20%）。

煤液化粗油中的烃类化合物的组成广泛，含有60%～70%（质量分数）的芳香族化合物，通常含有1～6环，有较多的氢化芳香烃。饱和烃含量25%（质量分数）左右，一般不超过4个碳的长度，另外还有10%（质量分数）左右的烯烃。

煤液化粗油中的沥青烯含量对液化粗油的化学性质和物理性质有显著的影响，沥青烯的分子量范围为300～1000，含量与液化工艺有很大关系，如溶剂萃取工艺的液化粗油中的沥青烯含量高达25%（质量分数）。

二、液化粗油提质加工研究

煤液化粗油是一种十分复杂的烃类化合物混合体系，往往不能简单地采用石油加工的方法处理，需要针对液化粗油的性质，专门研究开发适合液化粗油性质的工艺及催化剂。液化粗油的提质加工一般以生产汽油、柴油和其他化工产品为目的，目前液化粗油提质加工的研究大部分都停留在实验室的研究水平，采用石油系的催化剂。

1. 煤液化石脑油馏分的加工

煤液化石脑油馏分占煤液化油的15%～30%，有较高的芳烃潜含量，链烷烃仅占20%左右，是生产汽油和芳烃（BTX）的合适原料。但煤液化石脑油馏分含有较多的杂原子（尤其是氮原子），必须经过十分苛刻的加氢才能脱除，加氢后的石脑油馏分经过较缓和的重整即可得到高辛烷值汽油和丰富的芳烃原料。表 2-12 为几种液化工艺的石脑油馏分加氢和重整结果。

表 2-12 煤液化石脑油馏分加氢、重整试验数据

项 目	H-Coal		SRC-II		EDS		德国工艺石脑油加氢后
	原 料	加氢后	原 料	加氢后	原 料	加氢后	
相对密度	0.8076	0.7936	0.8265	0.771	0.8328	0.8058	0.802
初馏点/终馏点/℃	55.6/202	67.2/200	41.6/186	57.7/198	61/193	94/190	
$S/10^{-6}$	1289	—	4400	0.2	9978	0.1	<0.6
$N/10^{-6}$	1930	0.63	5140	0.8	2097	0.2	<1
$O/10^{-6}$	5944	34	7814	359	13700	98	
$Cl/10^{-6}$	23	4	195	4	18	1	
极性物(质量分数)/%	4.2	—	6.8	—	8.7	—	
芳烃/%	18.6	19.4	16.2	22.0	25.3	21.6	30.4
烯烃/%	5.5	—	8.4	—	9.9	—	
环烷烃/%	55.5	64.6	37.1	52.8	42.9	65.5	50.3
链烷烃/%	16.2	16.0	31.5	25.2	13.2	12.9	19.6
辛烷值	80.3	66.8	80.8	70.9	83.2	64.5	70.4
加氢氢耗量/%	0.95		1.08		1.63		
重整汽油产率(质量分数)/%	88.1		88.0		89.6		86.5
氢气产率(质量分数)/%	3.4		3.1		3.4		2.5
辛烷值	102.6		99.9		101.5		103.5
芳烃含量(质量分数)/%	83.3		83.8		79.4		82.1
加氢条件与石油系石脑油加氢比较	空速为 1/8，温度高 33℃，压力高 3.15MPa						
重整条件与石油系重整比较	空速为 1.5 倍，温度低 10～120℃，压力相同						

在采用石油系 Ni-Mo，Co-Mo，Ni-W 型催化剂和比石油加氢苛刻得多的条件下，可以将煤液化石脑油馏分中的氮含量降至 10^{-6} 以下，但带来的严重问题是降低催化剂的寿命和使反应器的结焦。由于煤液化石脑油馏分中氮含量高，有些煤液化石脑油馏分中氮含量高达 $(5000～8000)\times 10^{-6}$ 以上，因此研究开发耐高氮加氢催化剂是十分必要的。另外对煤液化石脑油馏分脱酚和在加氢反应器前增加装有特殊形状填料的保护段来延长催化剂寿命也是有效的方法。

2. 煤液化中油的加工

煤液化中油馏分占全部液化油的 50%～60%，芳烃含量高达 70% 以上。表 2-13 为几种煤液化中油馏分的性质。

煤液化中油馏分的沸点范围相当于石油的煤柴油馏分，但由于该馏分的芳烃含量高达 70%～80%，不进行深度加氢难以符合市场柴油的标准要求。从煤液化中油制取的柴油是低凝固点柴油，制取柴油需进行苛刻条件下的加氢，氢气消耗较高。柴油的十六烷值在 40 左右，距现在的中国 45 的标准还有一定距离。从煤液化中油还可以得到高质量的航空煤油，但真正应用还需要做发动机实验。

表 2-13 煤液化中油馏分的性质

项目	Illinois H-Coal	Piffsbwrg-Seam SRC-Ⅱ	EDS	项目		Illinois H-Coal	Piffsbwrg-Seam SRC-Ⅱ	EDS
沸点范围/℃	177~316	177~288	177~316	芳烃含量(体积分数)/%		71.2	81.0	85.7
占液化粗油的百分数/%	53.7	63.0		蒸馏温度/℃	IBP(初馏点)	165	149	153
相对密度	0.9422	0.9725	0.9705		5%	183	183	193
平均相对分子质量	190	172			10%	189	187	197
黏度/cP	2.489	3.114	33.0(SSU)①		30%	217	208	210
C(质量分数)/%	87.63	86.54	89.83		50%	233	225	224
H(质量分数)/%	9.86	8.49	9.12		70%	258	240	249
S(质量分数)/%	0.096	0.18	0.027		90%	289	265	286
N(质量分数)/%	0.49	0.99	0.117		95%	301	260	296
O(质量分数)/%	1.92	3.80	1.17		99%	320	337	319
Cl/10^{-6}	12	2.5						

① $1SSU=1/16.1 mm^2/s$。

3. 煤液化重油的加工

煤液化重油馏分的产率与液化工艺有很大关系,一般占液化粗油的 10%~20% (质量分数),有的液化工艺这部分馏分很少。煤液化重油馏分由于杂原子、沥青烯含量较高,加工较为困难,研究的一般加工路线是与中油馏分混合共同作为加氢裂化的原料或与中油馏分混合作为催化裂化的原料,除此以外,液化重油只能作为锅炉燃料。

煤液化中油和重油混合后经加氢裂化可以制取汽油。加氢裂化催化剂对原料中的杂原子含量及金属盐含量较为敏感,因此,在加氢裂化前必须进行深度加氢来除去这些催化剂的敏感物。煤液化中油和重油混合加氢裂化采用的工艺路线为两个加氢系统:第一个加氢系统为原料的预加氢脱杂原子和金属元素,反应条件较为缓和,催化剂为 UOP-DCA;第二个加氢系统为加氢裂化,采用两个反应器串联,进行深度加氢裂化,裂化产物中大于 190℃ 的馏分油在第二个加氢系统中循环,最终产物全部为馏分小于 190℃ 的汽油。

煤液化中油和重油混合后采用催化裂化(FCC)的方法也可制取汽油。美国在研究煤液化中油馏分的催化裂化时发现,煤液化中油和液化重油混合物作为 FCC 原料,在工艺上要实现与石油原料一样的积碳率,必须对液化原料进行预加氢,要求 FCC 原料中的氢含量必须高于 11% (质量分数),这样,对煤液化中油和液化重油混合物的加氢必不可少,而且要有一定的深度,即使这样,煤液化中油和液化重油混合物的催化裂化的汽油收率只有 50% (体积分数)以下,低于石油重油催化裂化的汽油收率 [70%(体积分数)]。

三、液化粗油提质加工工艺

1. 日本的液化粗油提质加工工艺

日本政府从 1973 年开始实施阳光计划,开始煤直接液化技术的系统研究开发。在新能源产业技术综合开发机构(NEDO)的主持下,成功开发了烟煤液化工艺(NEDOL 工艺,150t/d PP 装置规模)和褐煤液化工艺(BCL 工艺,50t/d PP 装置规模),同时把液化粗油

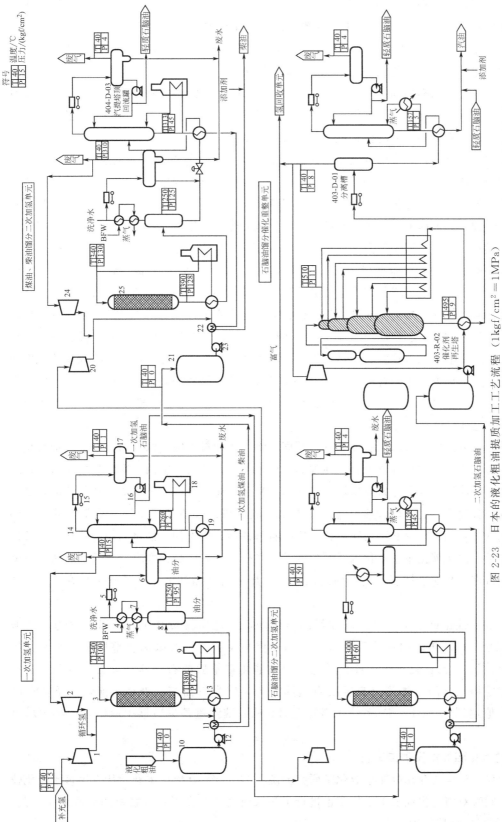

图 2-23 日本的液化粗油提质加工工艺流程（$1kgf/cm^2=1MPa$）

1,14,15,20—401-K-01 氢气压缩机；2,24—401-K-02 循环氢压缩机；3—401-R-10 一次加氢反应器；4—401-E-04 BFW 预热器；5—401-E-05 高分气冷却器；6—401-D-02 低温分离器；7—401-E-03 高温分离器；8—401-D-01 高温分离器；9—401-D-01 液化氢油罐；11—401-E-01 原料预热器；12—401-P-01 原料油供给泵；19—401-E-07 分离塔预热器，反应物热交换器；13—401-E-02 原料，反应物热交换器；16—40-P-02 分离塔顶回流泵；17—401-D-03 分离塔顶回流罐；18—401-F-02 分离塔重沸器加热炉；25—404-R-01 煤、柴油塔塔加氢反应器分离塔塔底泵；21—404-T-01 一次加氢煤柴油塔；22—404-E-01 原料预热器；23—404-P-01 原料油供给泵；25—404-R-01 煤、柴油加氢反应器的提质加工工艺研究列入计划。1990年，在完成了实验室基础研究的同时，开始设计建设50桶/d规模的液化粗油提质加工中试装置，该装置在日本的秋田县建成，以烟煤液化工艺（NEDOL工艺，150t/dPP装置规模）和褐煤液化工艺（BCL工艺，50t/dPP装置规模）的液化粗油为原料，进行液化粗油提质加工的运转研究。

日本的液化粗油提质加工工艺流程见图2-23。该工艺流程由液化粗油全馏分一次加氢部分、一次加氢油中煤油及柴油馏分的二次加氢部分、一次加氢油中石脑油馏分的二次加氢部分、二次加氢石脑油馏分的催化重整部分等四个部分构成。

在一次加氢部分，将全馏分液化粗油通过加料泵升压，与以氢气为主的循环气体混合，在加热炉内预热后，送入一次加氢反应器。一次加氢反应器为固定床反应器，采用Ni/W系催化剂进行加氢反应。加氢后的液化粗油经气液分离后送分离塔。在分离塔内被分离为石脑油馏分和煤油、柴油馏分，分别送石脑油二次加氢和煤油、柴油二次加氢。一段加氢精制产品油的质量目标值是：精制产品油的氮含量在1000×10^{-6}以下。

煤油、柴油馏分二次加氢与一次加氢基本相同。将一次加氢煤油、柴油馏分，通过煤油、柴油加料泵升压，与以氢气为主的循环气体混合，在加热炉内预热后送入煤油、柴油二次加氢反应器。煤油、柴油二次加氢反应器也为固定床充填塔，采用Ni/W系催化剂进行加氢反应。加氢后的煤油、柴油馏分经气液分离后，送煤油、柴油吸收塔。将煤油、柴油吸收塔上部的轻质油取出混入重整后的石脑油中，塔底的柴油送产品罐。煤油、柴油馏分二次加氢的目的是提高柴油的十六烷值，使产品油的质量达到：氮含量小于10×10^{-6}，硫含量小于500×10^{-6}，十六烷值在35以上。从目前完成的试验结果来看，经过二次加氢的柴油的十六烷值可达42。

石脑油馏分二次加氢与一次加氢基本相同。将一次加氢石脑油馏分通过石脑油加料泵升压，与以氢气为主的循环气体混合，在加热炉内预热后，送入石脑油二次加氢反应器。石脑油二次加氢反应器也为固定床充填塔，采用Ni/W系催化剂进行加氢反应。加氢后的石脑油馏分经气液分离后，送石脑油吸收塔。将石脑油吸收塔的轻质油取出混入重整后的石脑油中，塔底的石脑油进行热交换后送重整反应。石脑油馏分二次加氢的目的是防止催化重整催化剂的中毒，由于催化重整催化剂对原料油的氮、硫含量有较高的要求，一段加氢精制石脑油必须进行进一步加氢精制，使石脑油馏分二次加氢后产品油的氮、硫含量均在1×10^{-6}以下。

在石脑油催化重整中，将二次加氢的石脑油，通过加料泵升压，与以氢气为主的循环气体混合，在加热炉内预热后，送入石脑油重整反应器。石脑油重整反应器为流化床反应器，采用Pt系催化剂进行催化重整反应。催化重整后的石脑油经气液分离后，送稳定塔，稳定塔出来的汽油馏分与轻质石脑油混合，作为汽油产品外销。催化重整使产品油的辛烷值达到90以上。Pt系催化剂的一部分从石脑油重整反应器中取出，送再生塔进行再生。

2. 中国的液化粗油提质加工工艺

中国煤炭科学研究总院北京煤化工研究分院从20世纪70年代末开始从事煤直接液化技术研究，同时对液化粗油的提质加工也进行了深入研究，开发了具有特色的提质加工工艺，并在2L加氢反应器装置上进行了验证试验。

煤炭科学研究总院北京煤化工研究分院开发的液化粗油提质加工工艺有以下特点：

① 针对液化粗油氮含量高的性质，在进行加氢精制前，用低氮的加氢裂化产物进行混合，降低原料氮含量；

② 为防止反应器结焦和催化剂中毒，采用了预加氢反应器，并在精制催化剂中添加脱铁催化剂，同时控制反应器进口温度在180℃，避开结焦温度区，对易缩合结焦物进行预加氢和脱铁；

③ 针对液化精制油柴油馏分十六烷值低的特点，对柴油以上馏分进行加氢裂化，既增加了汽油、柴油产量，又提高了十六烷值。

煤炭科学研究总院北京煤化工研究分院开发的液化粗油提质加工工艺流程图见图2-24。

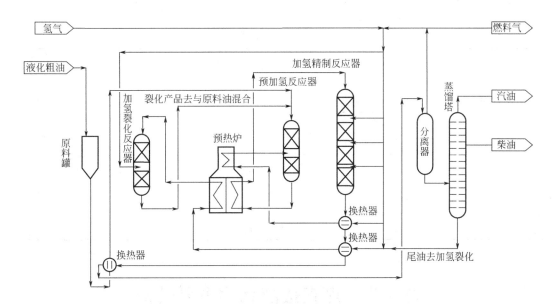

图2-24　煤炭科学研究总院北京煤化工研究分院液化粗油提质加工工艺流程

液化粗油由进料泵打入高压系统，与精制产物换热至180℃，在预反应器入口处与加氢裂化反应器出口的高温物汇合（降低氮含量），进入预反应器，在预反应器中部注入经换热和加热的400℃混合气，进一步提高预反应器温度，预反应器装有3822和3923催化剂，进出口温度分布在180～320℃。在预反应器中进行预饱和加氢和脱铁。

出预反应器的物料通过预热炉加热至380℃后进入加氢精制反应器。加氢精制反应器内填装3822催化剂，分四段填装，每段之间注入冷混合气作控制温度用。出加氢精制反应器的产物经三个换热器后进入冷却分离系统，富氢气体经循环氢压机压缩后与新氢混合。液体产物减压后进入蒸馏塔，切割出汽油、柴油，釜底油通过高压泵升压后，与加氢精制反应器产物换热，并通过预热炉加热至360℃后进入加氢裂化反应器。加氢裂化反应器填装3825催化剂，下部装有后精制3823催化剂，通过冷氢控制反应温度。加氢裂化反应器出口产物与加氢原料混合。

该工艺生产的柴油的十六烷值超过50，汽油的辛烷值为70。表2-14为中国的液化粗油提质加工加氢工艺操作条件。表2-15为加氢结果。表2-16为加氢精制油性质。

表 2-14 加氢操作条件

项目	预反应器	精制反应器	裂化反应器	后精制段
催化剂	3822 和 3923	3822	3825	3823
压力/MPa	18.4	18.4	18.4	18.4
体积空速/h^{-1}	2	0.5	1.0	16
进口温度/℃	180	360~365	330~340	380~390
出口温度/℃	360	395~400	380~390	382~395
气液比(体积比)	1000	1500	1200	1500

表 2-15 加氢反应结果

氢耗(质量分数)/%	3.45	气产率(质量分数)/%	6.82	硫化氢(质量分数)/%	0.68
油收率(质量分数)/%	91.41	氨(质量分数)/%	0.18	水(质量分数)/%	4.36

表 2-16 加氢精制油性质

项目	原料	产品	项目	原料	产品
密度/(g/cm³)	0.944	0.8146	蒸馏温度/℃		
黏度(20℃)/cP	7.5(30℃)	2.7	30%	229	175
氮含量/10^{-6}	5600	<3.5	40%		207
硫含量/10^{-6}	1700	<1	50%	284	233
蒸馏温度/℃			60%		270
IBP	84	71	70%	349	307
			80%		357
10%		109	90%	416	394
20%		140	干点		461

第六节 煤直接液化的主要设备

一、煤直接液化反应器

直接液化反应器是液化工艺中的核心设备,它是一种气、液、固三相浆态鼓泡床反应器,实际上是能耐高温(470℃左右)、耐高压(30MPa)、耐氢腐蚀的圆柱形容器,气液相进料均从反应器底部进入,出料均从顶部排出,液相可以看作是连续全返混釜式反应器,气相可看作是连续流动的鼓泡床模式。在商业化的液化厂,一台反应器可以是有数百立方米体积、上千吨质量的庞然大物。工业化生产装置反应器的最大尺寸取决于制造商的加工能力和运输条件,一般最大直径在4m左右,高度可达30m以上。煤液化反应器的操作条件见表2-17所示。

表 2-17 煤液化反应器的操作条件

操作参数	单位	数值	操作参数	单位	数值
压力	MPa	15~30	停留时间	h	1~2
温度	℃	440~465	气含率		0.1~0.5
气液比标准状态(v/v)		700~1000	进出料方式		下部进料、上部出料

1. 反应器结构

反应器按结构形式不同可分为冷壁式和热壁式两种形式。冷壁式反应器是在耐压筒体的内部有隔热保温材料，保温材料内侧是耐高温、耐硫化氢腐蚀的不锈钢内胆，但它不耐压，所以在反应器操作时保温材料夹层内必须充惰性气体至操作压力。冷壁式反应器的耐压壳体材料一般采用高强度锰钢；热壁式反应器的隔热保温材料在耐高压筒体的外侧，所以实际操作时反应器筒体壁处于高温下。热壁式反应器因耐压筒体处在较高温度下，筒体材料必须采用特殊的合金钢（如21/4Cr1MoV或3Cr1MoVTiB），内壁再堆焊一层耐硫化氢腐蚀的不锈钢。中国第一重型机械集团公司在20世纪80年代已研制成功热壁式反应器，目前大型石油加氢装置上使用的绝大多数是热壁式反应器。

反应器的结构是否合理对设备的安全使用有很大的影响。在加氢反应器技术发展的过程中，曾有过因为局部结构设计得不完善或不合理而损伤设备的实例，所以，对反应器结构的最基本要求应该是使所采用的结构在设计时就能证明是安全的，而且应该使各个部位的应力分布得到改善，使应力集中减至最小；另外，还应方便生产中的维护。用于反应器本体上的结构有两大类，一是单层结构，二是多层结构。在单层结构中又有钢板卷焊结构和锻焊结构两种；多层结构有绕带式、热套式等多种形式。反应器结构的选择主要取决于使用条件、反应器尺寸、经济性和制造周期等诸多因素。

反应器内件设计性能的优劣将与催化剂性能一道体现出所采用加氢工艺的水平。由于加氢过程存在着气、液、固三相状态，所以反应器内件特别是流体分配盘的设计关键是要使反应进料（气、液、固三相）有效地接触，防止煤中矿物质和催化剂固体在床层内发生流体偏流。针对加氢反应为放热反应的特点，在反应塔高度方向上还应设置有效的控温结构（如冷氢入口），以保证生产安全。图2-25为70.0MPa的液相加氢反应器示意图。

2. 典型液化反应器

煤直接液化工艺除了中国神华百万吨大型煤直接液化生产装置外，目前世界上还没有大规模的生

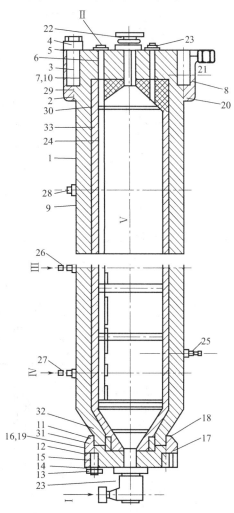

图2-25 70.0MPa液相加氢反应器

1—塔身；2—顶部法兰；3—顶部双头螺栓；4—顶部罩状螺帽；5,14—垫环；6—顶盖；7—顶部自紧式密封圈；8—自紧式密封阀的夹圈；9—塔身保温体；10—顶部自紧式密封圈的衬片；11—底部法兰；12—底部双头螺栓；13—底部螺帽；15—底盖；16—底部自紧式密封圈；17—自紧式密封圈的头部；18—底部锥体的保温体；19—底部自紧式密封圈的衬片；20—顶部锥体的保温体；21—安装吊轴；22—大小头；23—直角弯头；24—热电偶套管；25—管接；26—冷氢引入管的接管；27—取样口接管；28—堵头；29—顶盖保温体；30—顶部锥体；31—底盖保温体；32—底部锥体；33—内筒；
Ⅰ—产物进口；Ⅱ—产物出口；Ⅲ—冷氢引入口；
Ⅳ—取样口；Ⅴ—产物行程

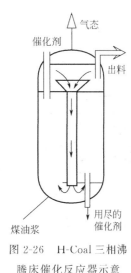

图 2-26 H-Coal 三相沸腾床催化反应器示意

产装置和长时间的运行考验。早期的煤液化反应器都是柱塞流鼓泡反应器，油煤浆和氢气三相之间缺少相互作用，液化效果欠佳。

(1) H-Coal 三相沸腾床催化反应器 从 20 世纪 70 年代开始，液化反应器研究主要集中于美国，如 HTI 的前期 H-Coal 工艺采用固、液、气三相沸腾床催化反应器，如图 2-26、图 2-27 所示。

反应器内的中心循环管及泵组成的循环流动，增加了反应物与催化剂之间的接触，使反应器内物料分布均衡，温度均匀，反应过程处于最佳状态，有利于加氢液化反应进行，并可以克服鼓泡床反应器液相流速低、煤的固体颗粒在反应器内沉积问题。

反应器下部设有液体分布板，以控制进入反应器内煤炭浆向上流动的均匀性，同时也可以提高沸腾床反应器内煤炭浆在高向液化温度的均匀性。因此有利于煤液化时放出反应热的均匀分布。

煤液化反应器中使用的催化剂是 HDS-1402，为石油加工用条形 Co-Mo/Al_2O_3 催化剂。其颗粒的平均长度为 4.69mm，直径为 1.65mm。经孔分布测定

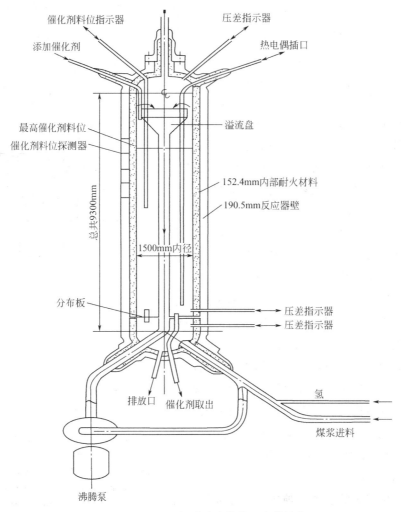

图 2-27 H-Coal 三相沸腾床催化反应器结构图

表明，催化剂具有双峰分布，小孔平均直径5.8nm，较大孔体积占总孔体积的百分数为28%。因其相对密度高于煤炭料，故在煤炭浆处于流化状态时，可保证催化剂颗粒留在反应器内，未反应的煤炭粒子可随液体浆料从反应器上部排出。煤液化试验结果表明，每吨煤炭的催化剂耗量为0.45kg，费用约占生产成本的2.7%。催化剂可以定期从反应器下部取出小部分，同时从上部补充相应量的新鲜催化剂。这样可以保持液化反应器内催化剂的催化活性。

(2) HTI外循环三相反应器　美国HTI工艺的全返混浆态反应器采用外循环方式加大油煤浆混合程度，促使固、液、气三相充分接触，加速煤加氢液化反应过程，提高煤液化反应转化率，HTI反应器结构如图2-28所示。

(3) 柱塞流反应器　德国和日本开发的煤炭直接液化新工艺的反应器仍采用三相鼓泡床反应器，如图2-29所示，氢气与油煤浆在反应器内流动基本为柱塞流，即平推流，混合程度较低，在反应器中易产生固相沉积，影响反应器反应空间，这一现象在德国早期开发的煤液化工艺中经常遇见。早期的三相鼓泡床反应器是串联式，轻、重组分在反应器内停留时间几乎相同，导致液体收率不高；改用一个大的反应器，重质组分停留时间延长，结果增加液体产品收率，但仍需定期从反应釜下部排除固体沉积物。

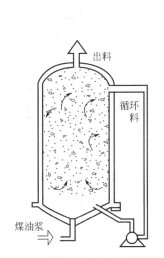
图2-28　HTI外循环三相反应器结构示意

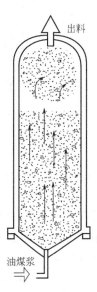
图2-29　柱塞流三相鼓泡床反应器示意图

(4) 内循环三相浆态反应器　当前开发液化反应器的一个热点是研究内循环三相浆态反应器（见图2-30），但由于油煤浆的密度差相对较大，煤中矿物质和未转化的煤密度远大于液化溶剂油，一般的内循环反应器因循环动力不够，也难以避免反应器内固体颗粒沉降问题。因此提高内循环动力，改善浆态床反应器内固液循环状况，防止煤液化加氢反应器内固体颗粒沉降，增加加氢反应能力，是煤液化新型反应器开发的重点，也是现代煤直接液化技术所要研究的关键技术之一。

(5) 神华煤直接液化反应器　中国神华集团煤直接液化工程一期采用HTI外循环全返混悬浮床反应器（图2-31），反应器材质为2.25Cr-1Mo-1/4V，是中国一重集团新开发的钢种。反应器外径5.5m，壁厚335mm，设备单体质量达2050t，是目前世界上最大的反应器。

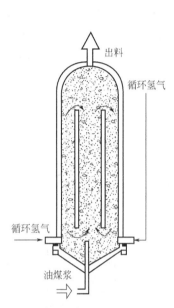 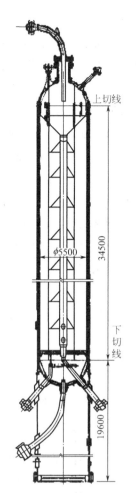

图 2-30　内循环三相浆态反应器示意图　　图 2-31　神华煤直接液化反应器

煤液化反应器的制造是煤液化项目中的核心制造技术。煤液化反应器在高温高压临氢环境下操作，条件苛刻，对设备材质的杂质含量、常温力学性能、高温强度、低温韧性、回火脆化倾向等都有特殊要求。

煤液化反应器为悬浮床反应器，具有两个优点：

① 强制内循环，改善反应器内流体的流动状态，使反应器设计尺寸可以不受流体流动状态的限制，因此，单台设备和单系列装置处理能力大；

② 悬浮床反应器处于全返混状态，径向和轴向反应温度均匀，可以充分利用反应热加热原料，降低进料温度，同时气、液、固三相混合充分，反应速率快、效率高。

二、煤浆预热器

煤浆预热器的作用是在煤浆进入反应器前，把煤浆加热到接近反应温度。采用的加热方式是：小型装置采用电加热，大型装置采用加热炉加热。

由于煤浆在升温过程中的黏度变化很大（尤其是烟煤煤浆），在 300～400℃ 范围内，煤浆黏度随温度的升高而明显上升。在加热炉管内，煤浆黏度升高后，一方面炉管内阻力增大；另一方面流动形式为层流（即靠近炉管管壁的煤浆流动十分缓慢），这时如果炉管外壁热强度较大，温度过高，则管内煤浆很容易局部过热而结焦，导致炉管堵塞，这是煤浆加热炉设计和运行中必须注意的问题。解决上述问题的措施除了传热强度不宜过高外，一方面是使循环氢与煤浆合并进入预热器，由于循环气体的扰动作用使煤浆在炉管内始终处于湍流状态；另一方面是在不同温度段选用不同的传热强度，在低温段可选择较高的传热强度，即可利用辐射传热，而在煤浆温度达到300℃以下的高温段，必须降低传热强度，使炉管的外壁温度不致过高，建议利用对流传热。对于大规模生产装置，煤浆加热炉的炉管需要并联，此时，为了保证每一支路中的流量一致，最好每一路炉管配一台高压煤浆泵。另外选择合适的炉管材料也能减少煤浆在炉管内的结焦。还有一种解决预热器结焦堵塞的办法是取消单独的预热器，煤浆仅通过高压换热器升温至340℃左右再进入加热炉，根据日本NEDO的经验，可以使煤浆加热炉的热负荷降低到原来的40%。如果采用HTI工艺的强制循环反应器，甚至可以省去煤浆加热炉，把煤浆换热到340℃左右后直接进反应器，靠加氢反应放热和对循环气体加热使煤浆在反应器内升至反应所需的温度。

1. 预热器内的流体流动情况

要了解煤浆在预热器内的流体流动情况，尤其是在加热情况下的流体力学，可将预热器沿轴向模拟划分为三个区域，如图2-32所示。在此三个区域内煤浆被加热，煤粒膨胀，发生化学反应和溶解，并开始发生加氢作用。

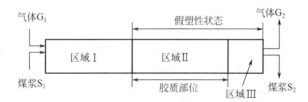

图2-32 煤液化预热器流体力学模型

区域Ⅰ：此区域是原料刚刚入预热器，固体尚未溶解，可以把煤浆-气体混合物看作是两组分两相牛顿型流体，温度增高时，黏度平稳地下降。当黏度达最低值时，此区域结束。此时，各组分的流速实际上无大变化，两相流体流动为涡流-层流或层流-层流。

区域Ⅱ：流体黏度达最低值以后，进入区域Ⅱ，此区域中主要发生煤粒聚结和膨胀，并发生溶解，因此煤浆黏度急剧增大，达到最大值，且能保持一段不变，成为非牛顿流体，其流体流动多为层流。此区域又可称为"胶体区"。

区域Ⅲ：在Ⅱ区域生成的胶体，进入区域Ⅲ后由于发生化学变化，煤质解聚和溶解，流体黏度急剧下降，在预热器出口前，温度升高黏度平缓下降。此混合物也是非牛顿型流体，可能呈现涡流流动。

2. 煤浆加热炉

煤浆加热炉是为油煤浆和氢气进料提供热源的关键设备，它在使用上具有如下一些特点：

① 管内被加热的是易燃、易爆的氢气和烃类物质，危险性大；
② 它的加热方式为直接受火式，使用条件更为苛刻；
③ 必须不间断地提供工艺过程所要求的热源；

④ 所需热源是依靠燃料（气体或流体）在炉膛内燃烧时所产生的高火焰和烟气来获得。因此，对于加热炉来说，一般都应该满足下面的基本要求：

① 满足工艺过程所需的条件；
② 能耗省、投资合理；
③ 操作容易，且不易误操作；
④ 安装、维护方便，使用寿命长。

用于煤浆加热的主要炉型有箱式炉、圆筒炉和阶梯炉等，且以箱式炉居多。

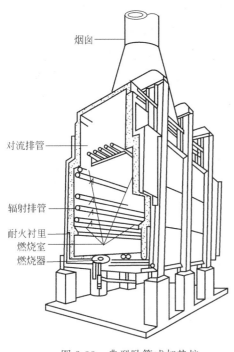

图 2-33 典型卧管式加热炉

在箱式炉中，对于辐射炉管布置方式有立管和卧管排列两类，这主要是从热强度分布和炉管内介质的流动特点等工艺角度以及经济性（如施工周期、占地面积等）上考虑后确定的。对于氢和油煤浆混合料进入加热炉加热的混相流，大都采用卧管排列方式，这是因为只要采用足够的管内流速时就不会发生气液分层流，且还可避免如立管排列那样，每根炉管都要通过高温区（当采用底烧时），这对于两相流来说，当传热强度过高时很容易引起局部过热、结焦现象，而卧管排列就不会使每根炉管都通过高温区，可以区别对待，图 2-33 为典型卧管式加热炉结构。

在炉型选择时，还应注意到加热炉的管内介质中都存在着高温氢气，有时物流中还含有较高浓度的硫或硫化氢，将会对炉管产生各种腐蚀，在这种情况下，炉管往往选用比较昂贵的高合金炉管（如 SUS 321H，SUS 347H 等）。为了能充分地利用高合金炉管表面积，应优先选用双面辐射的炉型，因为单排管双面辐射比单排管单面辐射的热有效吸收率要高 1.49 倍，相应的炉管传热面积可减少 1/3，既节约昂贵的高合金管材，同时又可使炉管受热均匀。

三、高温气体分离器

反应产物和循环气的混合物，从反应塔出来，进入高温气体分离器。在高温气体分离器中气态和蒸气态的烃类化合物与由未反应的固体煤、灰分和固体催化剂组成的固体物和凝缩液体分开。在高温气体分离器中，分离过程是在高温（约 455℃）下进行的。气体和蒸汽从设备的顶端引出，聚集在分离器底部（锥形部分）的液体和残渣进入残渣冷却器。为了防止在液体出来和排除残渣时漏气，在分离器底部自动地维持一定的液面。最常用形式的高温气体分离器的结构如图 2-34 所示，其顶部构造如图 2-35 所示。分离器的主要零件是高压筒、顶盖和底盖、保护套（接触管）、产品引入管、底部保温斗、冷却系统和液面测量系统。

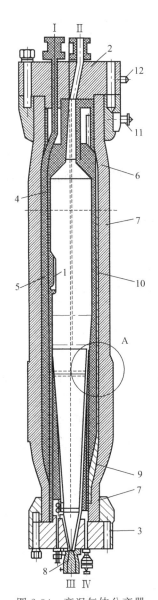 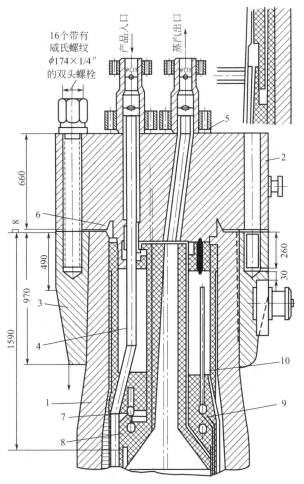

图 2-34　高温气体分离器

1—高温气体分离筒；2—顶盖；3—底管；4—产品引入管；5—分配总管；6—顶部蛇管；7—底部蛇管；8—双蛇管冷却器；9—底部锥形保温斗；10—保护套管；11—筒体安装用吊轴；12—顶盖安装用吊轴；Ⅰ—产品入口；Ⅱ—气体、蒸汽混合物出口；Ⅲ—残渣入口；Ⅳ—冷气入口

图 2-35　高温气体分离器的顶部（单位：mm）

1—筒；2—顶盖；3—顶部法兰；4—产品引入管；5—气体-蒸汽混合物引出管；6—自紧式密封圈；7—顶部总管；8—底部总管；9—蛇管的管子；10—引出管

气体在分离器中进行分离过程的同时还进行着各种化学过程，其中包括影响设备操作的结焦过程。结焦是在氢气不足、温度很高和液体及残渣长时间停留在气体分离器底部的情况下进行的。由于分离器底部焦沉淀的结果，使分离器的容积减少，以致难以维持规定的液面和堵塞残渣的出口。在这种情况下，应立即将设备与系统分开，因为随着温度的降低，结焦的危险性就减少，所以在高温分离器中，温度应保持比反应塔中温度低 15～20℃。高温分

离器中的反应产物用通过冷却蛇管的冷氢来冷却。在某些结构的分离器中，将冷气直接打入分离器的底部来进行冷却。然而，应该指出的是，由高温分离器出来的气体和蒸汽的温度降得很低，会降低换热器中热量回收的效率，因此会降低装置的生产能力。

四、减压阀

煤直接液化装置的分离器底部出料时压力差很大，必须从数十兆帕减至常压，并且物料中还含有煤灰及催化剂等固体物质。所以排料时对阀芯和阀座的磨蚀相当严重。因此减压阀的寿命成了影响液化装置性能的一个至关重要的因素。为此，高压煤浆减压阀的结构应有如下特殊功能，使磨损降低到最低限度。

① 有一个较长的耐冲刷的进口，最低限度减少湍流和磨损，还要尽可能地减小流体进入阀芯和阀座间隙时的冲击角。

② 阀座具有长的节流孔道，最大限度减缓液相的蒸发，以防止气蚀。

③ 出口直接接到膨胀管和大容积的容器中，以消耗流体的能量，流出口体最好直接冲到液体池中。

④ 减压阀的材料应采用耐磨耐高温的硬质材料：如碳化钨、金刚石等。

解决办法：一是采取两段以上的分段减压，降低阀门前后的压力差。二是采用耐磨耐高温的硬质材料，如碳化钨、氮化硅等，例如，图 2-36 是日本 NEDO 开发的减压阀结构图，它的耐磨部件采用的是合成金刚石和碳化钨，在 150t/d 工业性试验装置上的最长连续运转时间为 1000h。另外，在阀门结构上采取某些特殊设计也有可能使磨损降低到最低限度。三是在流程设计上采用一倍或双倍的旁路备用减压阀设备，当阀芯阀座磨损后及时切换至备用

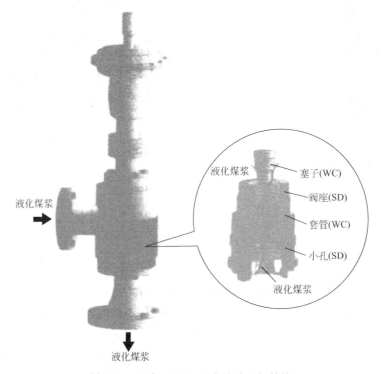

图 2-36　日本 NEDO 开发的减压阀结构

系统。

五、高压换热器

煤直接液化系统用的换热器压力高,并且含有氢气、硫化氢和氨气等腐蚀性介质,需要使用特殊结构的换热器,根据石油加工工业的长期运行结果,采用螺纹环锁紧式密封结构高压换热器较为合适。

螺纹环锁紧式密封结构高压换热器最早是由美国 Chevron 公司和日本千代田公司共同开发研究成功的,我国现已有 10 余套加氢装置使用这种换热器,它的基本结构如图 2-37 (a) (H-H 型) 所示。此换热器的管束多采用 U 形管式,它的独到结构在于管箱部分。H-H 型换热器适用于管壳程均为高压的场合,对于壳程为低压而管程为高压时,可使用如图 2-37 (b) 所示的结构形式(称 H-L 型)。

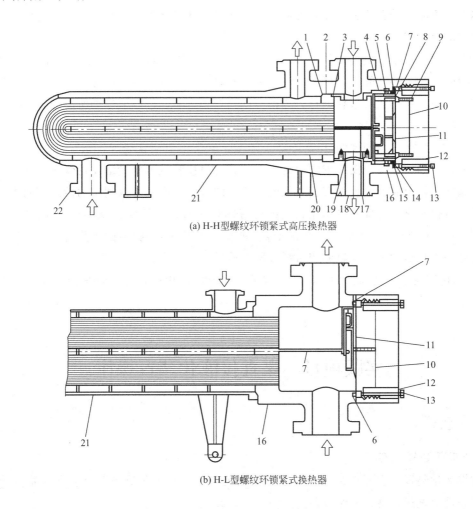

(a) H-H 型螺纹环锁紧式高压换热器

(b) H-L 型螺纹环锁紧式换热器

图 2-37 螺纹环锁紧式换热器
1—壳程垫片;2—管板;3—垫片;4—内法兰;5—多合环;6—管程垫片;7—固定环;8—压紧环;9—内圈螺栓;10—管箱盖;11—垫片压板;12—螺纹锁紧环;13—外圈螺栓;14—内套筒;15—内法兰螺栓;16—管箱壳体;17—分程隔板箱;18—管程开口接管;19—密封装置;20—换热管;21—壳体;22—壳程开口接管

螺纹环锁紧式换热器有如下几个突出优点。

① 密封性能可靠。这是由其本身的特殊结构所决定的。由图 2-37 可见，在管箱中由内压引起的轴向力通过管箱盖 10 和螺纹锁紧环 12 传递给管箱壳体 16 承受。它不像普通法兰型换热器，其法兰螺栓载荷要由两部分组成：一是流体静压力产生的轴向力使法兰分开，需克服此种端面载荷；二是为保证密封性，应在垫片或接触面上维持足够的压紧力，因此所需螺栓大，拧紧困难，密封可达性相对较差。而螺纹环锁紧式密封结构的螺栓只需提供给垫片密封所需的压紧力，流体静压力产生的轴向力通过螺纹环到管箱壳体上，由管箱壳体承受，所以螺栓小，便于拧紧，很容易达到密封效果。在运转中，若管壳程之间有串漏时，通过露在端面的内圈螺栓 9 再行紧固就可将力通过件 8→件 11→件 14→件 17→件 2 传递到壳程垫片（件 1）而将其压紧以消除泄漏。此外，这种结构因管箱与壳体是锻成或焊成一体的，既可消除像大法兰型换热器在大法兰处最易泄漏的弊病，又因它在抽芯清洗或检修时，不必移动管箱和壳体，因而可以将换热器开口接管直接与管线焊接连接，减少了这些部位的泄漏点。

② 拆装方便。因为它的螺栓很小，很容易操作，所以拆装可在短时间内完成。同时，拆装管束时，不需移动壳体，可节省许多劳力和时间。而且在拆装的时候，是利用专门设计的拆装架，使拆装作业可顺利进行。从拆去、检查到重装，这种换热器所需的时间要比法兰型少 1/3 以上。

③ 金属用量少。由于管箱和壳体是一体型，省去了包括管壳程大法兰在内的许多法兰与大螺栓，又因在壳体上没有带颈的大法兰，其开口接管就可尽量地靠近管板。这样，在普通法兰型换热器上靠近管板端有相当长度为死区的范围内不能有效利用的传热管面积，而在此结构中可得到充分发挥传热作用，大约可有效利用的管子长度为 500mm。它对于一台内径 1000mm、传热管长 6000 mm 的换热器，就相当于增加 8％数量的传热管。上述种种，可使这种结构换热器的单位换热面积所耗金属的质量下降不少。

④ 结构紧凑，占地面积小。但是，这种换热器的结构比较复杂，其公差与配合的要求比较严格。

实践项目　煤直接液化装置操作

一、冷态开车

（一）开车前装置状态

在煤液化装置首次开车之前，与之操作相关的装置（煤浆制备、反应和油浆分馏等部分）需经投料试运并具备操作条件。

① 初次泄漏试验和抽空试验完成。

② 一级和二级反应器处于正压。

③ 装置其他部分处于燃料气和氮气压力下且水要尽量排净。某些塔盘和设备的其他部分仍可能存有水。

④ 所有公用工程投用。总管上的盲板拆除,所有用户的阀门处于"开"位置。
⑤ 煤浆进料加热炉、氢气加热炉和减压塔进料火焰加热炉干燥。
⑥ 反应工段干燥。所有仪表检查完毕。
⑦ 所有安全装置和紧急程序测试完毕。
⑧ 反应工段和上、下游设备隔离。
⑨ 泵和压缩机(及驱动器)对中并盘车。
⑩ 粉煤、开工油和浆料催化剂备齐。
⑪ 换热器和翅片式空冷经检查待用。
⑫ 水冲洗罐注满工艺水,罐液位调节和分段压力调节处于"自动"状态。
⑬ 高温密封/吹扫/冲洗油罐注满来自罐区的开工油。
⑭ 中温密封/吹扫/冲洗油罐注满来自罐区的开工油。
⑮ 低温柴油冲洗油缓冲罐注满来自罐区的开工油。
⑯ 液化高温/低温卸料罐投用。

(二) 处理煤之前的首次开车步骤

① 循环泵密封油。
② 高压段加热至最低金属温度。
③ 氮气压力试验。
④ 油浆混合罐首次充填和泵升温。
⑤ 溶剂流入高压进料泵。
⑥ 开工溶剂在反应段循环。
⑦ 氢气压力试验。
⑧ 模拟试运转。

(三) 煤加工首次开车步骤

1. 煤浆制备

进煤操作之前要以正常开工流量添加溶剂。第一混合罐的顺流和再循环流量必须成比例。

2. 粉煤仓空气吹扫

要在引入粉煤之前保证煤仓内的氧气含量低于2%(体积分数)。

3. 用粉煤充填煤仓

持续向各个煤仓注入氮气维持正压以避免空气进入。启动粉煤输送系统开始向煤仓送煤。粉煤在氮气压力下进行输送。

4. 启动减压系统

为对加入粉煤时扬起的烟气产生一个滞动力,需在送煤之前启动蒸汽喷射系统(103-S-106)。通过抽真空系统的回路确保三条煤浆制备线都达到真空度要求。

5. 液硫罐

液硫罐中正常操作条件为0.54MPa(表压)、150℃。该罐向T-Star单元和煤液化单元输送液硫。

6. 进煤前的检查项目

煤仓料位高于最低料位，煤液化和 T-Star 单元处于全循环操作，煤浆制备工段有中温和高温供氢溶剂提供。

所有特殊公用工程的罐和厂外的罐区按要求充入油和/或溶剂用作密封油、冲洗油和洗涤油。

所有泵运转；密封油和中温油备好并流动。

浆料催化剂罐高于最低料位，搅拌器转动，催化剂泵可用。

硫黄进料罐高于最低料位，温度为 150℃，可用。

7. 进煤

对于首次开工，仪表的可操作性、可靠性和设备经确认无误，推荐目标煤浓度为 40%。

开启旋转阀和煤仓抖动器，开始从干粉煤仓向煤预湿器进煤。保证流量计功能正常且煤进入预湿器，这需要同步实现。

手动操作开始加入浆料催化剂并保证预湿器工作正常，即流入 103-D-102A/B/C。确认中温供氢溶剂到洗涤塔也在流动。

从煤仓到一级混合罐的流动建立后，需确认煤流是否按照正常速率以及何时达到正常流量。流量为自动调节，按照热和物料平衡表的指示分别控制到预湿器和到混合罐的中温和高温溶剂的量。

开始时煤浓度逐渐从 0 升至 40%。按照估计的黏度值逐渐增加黏度。用煤流量计调节流量并且监测黏度水平。

8. 煤浆塔顶气分离

中温供氢溶剂以恒定的速率喷射到其他各个洗涤塔内。供氢溶剂洗去从混合罐吸入的气体和粉尘。运行分离器来分离并打出油和水。油被泵送回一级混合罐；泵把分离的水送出。

9. 反应工段

开始进煤混合煤浆时，煤液化装置已经开始在设计溶剂进料率和反应器出口温度（375~400℃）的条件下全循环。为保证反应器中煤进料的充分转化，实际温度应尽量接近 400℃。实际限制应根据溶剂循环的情况而定。

10. 分馏工段

煤的首次操作期间，要重点监测的操作是煤浆减压进料加热炉和煤浆减压塔。煤浆减压塔加热炉操作开始时火力要小，然后一步一步地加大火力以保证塔底有足够的料位。

二、操作参数和操作条件调整

1. 温度

操作温度是主要的工艺控制变量。

较高的反应温度有利于裂化反应，而较低的温度有利于加氢反应，每台反应器的出口温度维持在 455℃。

2. 操作压力

压力等级在设计阶段已经设定。与所选操作压力有关的关键参数是氢分压，较高的氢分压可以改善加氢反应，降低聚合反应以及焦炭沉积，因此改善了操作性和稳定性。足够的氢分压还能够确保催化剂维持在活性磁黄铁矿状态。每台反应器的氢分压维持在 12.5MPa。

较高的氢分压将有利于加氢反应。

3. 空速

干煤空速为干煤进料（t/h）/反应器体积（m³），每台反应器的干煤空速大约为 0.4t/(h·m³)，较低的空速有利于提高溅渣转化率、液体收率和气体收率。空速对煤转化率的影响很低或者可以忽略不计，因为煤转化率主要与温度有关。

4. 反应器内密度或温度梯度

在正常操作中，穿过反应器的物料密度和温度指示应该相对稳定。需要在工厂进行实际操作来确定实际的料位和有意义的差值。如果在装置的操作过程中发现了反应器的温度或密度梯度升高的趋势，它可能是一种反应器内高密度固体聚集的象征，一旦发现了这种情况，首先要采取的措施是增加循环液速。

三、装置的正常停车

大检修之前的计划停工，要进行如下的步骤。

① 停进入煤仓的煤进料。

② 停高压进料泵和加热炉。

③ 反应器温度降低。

由煤仓来的进料煤停止进料，而溶剂则在设计流速 305t/h 下继续流动。该模式下至少运转 10h，置换系统内所有的煤。

在开始冷却过程中，通过提供新氢维持总压和氢分压维持系统的压力。

④ 排气。将反应器温度进一步降低到大约 290℃ 或者更低，通过新氢线通入氮气，完全停新氢，系统以每小时 2MPa 的速度降压。通入小股氮气，将高压系统的压力升至 4.2MPa（表），将硫化氢带出系统。

⑤ 中温供氢溶剂冲洗。当反应器温度降低到 250℃ 时，可以引入从煤获得的中温供氢溶剂对系统进行完全的冲洗。吹扫结束后，停煤浆加热炉，以每小时 15~25℃ 的速度将高压设备的温度降低到 95℃ 以下。在氮气存在下，按照设定的流量继续将系统压力降低到大约 0.35MPa（表），继续系统吹扫、冷却和系统的放气，确保系统清洁。

气体循环结束后，停原料泵和循环泵，将油排出反应器系统，进行另外的反应器压力系统的放气。以低流速维持到循环泵的密封油（大约 0.1 m³/h）排净，将该股物流断续由泵排放系统中排出。

⑥ 蒸汽吹扫。必须将所有需要打开的容器内的油排净。对将要打开进入的所有的高压系统的容器/换热器进行 10h 的蒸汽吹扫到火炬系统，排掉所有的烃类。

⑦ 中和将暴露在大气中的装置的不锈钢部分，要用低黏度的氯碱溶液中和。

⑧ 循环泵。由于循环泵的密封油的供给十分重要，需要为停工操作提供一个充分的供给源。要提前测试所有可能的物流，确保其适应性。装置提供一台干燥器，确保材料满足所需的电解质数值。系统抽空后，当泵准备由反应器处拆走时停循环泵密封油。任何积聚的密封油要定期由泵入口和出口线适当排出。

本章小结

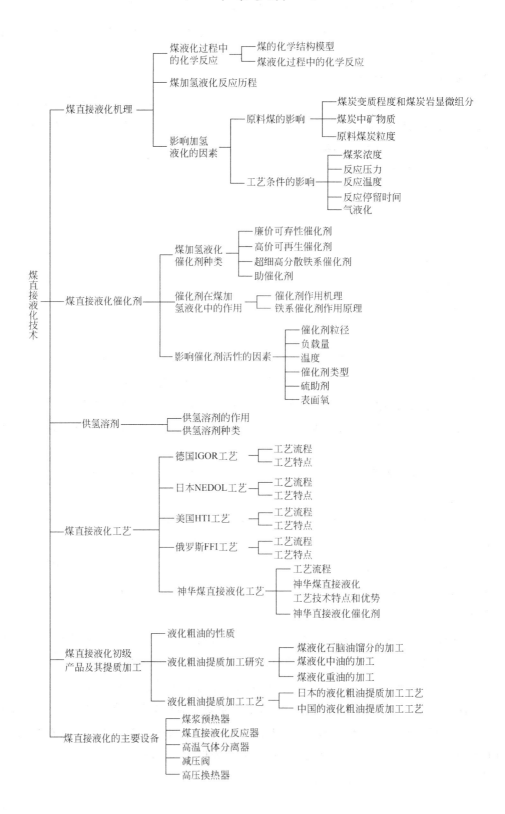

复习思考题

1. 什么是煤的直接液化？简述其工艺过程。
2. 煤与石油的主要区别有哪些？
3. 煤的加氢液化过程基本可分为哪三大步骤？
4. 煤在加氢液化过程中发生哪四类化学反应？
5. 写出煤加氢液化过程中煤热裂解主要反应式。
6. 供给自由基的氢主要来自哪几个方面？提高供氢能力的主要措施有哪些？
7. 为抑制缩合常采用哪些措施来防止结焦？
8. 什么是油、沥青烯、前沥青烯及残渣？
9. 画出煤加氢液化产物分离流程。
10. 煤加氢液化产物产率如何计算？
11. 用蒸馏法分离，煤液化轻油和中油的组成有哪些？
12. 煤液化中生成的气体主要包括哪两部分？
13. 煤加氢液化的影响因素有哪些？
14. 煤液化溶剂有哪几类？煤液化溶剂的主要作用是什么？
15. 煤加氢液化的主要工艺参数有哪些？它们对煤液化有什么影响？
16. 煤加氢液化催化剂有哪些种类？各有什么特点？
17. 按过程工艺特点分类，煤直接液化工艺主要有哪些？
18. 典型的煤直接加氢液化工艺包括哪几个步骤？
19. 与老工艺相比，德国直接液化 IGOR 工艺有哪些特点？
20. 简述氢-煤法（H-Coal）工艺流程及工艺特点。
21. 煤两段催化剂液化——CTSL 工艺过程实质分成哪些阶段？画出其工艺流程。
22. 溶剂精炼煤法中 SRC-Ⅰ 工艺及 SRC-Ⅱ 工艺有何不同之处？
23. 目前较先进的煤油共炼技术有哪些？
24. 与 HTI 工艺对比，中国神华煤直接液化工艺有哪些特点？

第三章
煤间接液化生产技术

教学目的及要求 通过对本章的学习,掌握煤间接液化的基本原理;理解煤间接液化机理;了解催化剂种类及特性;掌握影响间接液化的因素,熟悉典型工艺流程特点。

煤间接液化是先把煤炭在高温下与氧气和水蒸气反应,使煤炭全部气化、转化成合成气(一氧化碳和氢气的混合物),然后再在催化剂的作用下合成为液体燃料的工艺技术。

第一节 费托(F-T)合成原理

一、F-T 合成反应

煤间接液化工艺主要由三大步骤组成:气化,合成,精炼。

1. 煤的气化

以氧气(空气、富氧或工业纯氧)、水蒸气作为气化剂,在高温高压下通过化学反应将煤或煤焦中的可燃部分转化为可燃性气体的工艺过程。气化时所得的可燃气体称为煤气,对于做化工原料用的煤气一般称为合成气。

气化过程主要反应如下。

(1) 水蒸气转化反应

$$C + H_2O = CO + H_2 \quad \Delta H = 131 kJ/mol \tag{3-1}$$

(2) 水煤气变换反应

$$CO + H_2O = CO_2 + H_2 \quad \Delta H = -42 kJ/mol \tag{3-2}$$

(3) 部分氧化反应

$$C + \frac{1}{2}O_2 = CO \quad \Delta H = -111 kJ/mol \tag{3-3}$$

(4) 完全氧化(燃烧)反应

$$C + O_2 = CO_2 \quad \Delta H = -394 kJ/mol \tag{3-4}$$

(5) 甲烷化反应

$$CO + 3H_2 = CH_4 + H_2O \quad \Delta H = -74 kJ/mol \tag{3-5}$$

煤气化一般包括干燥、燃烧、热解和气化四个阶段。干燥属于物理变化,随着温度的升高,煤中的水分受热蒸发。其他属于化学变化,燃烧也可以认为是气化的一部分,主要是为气化过程提供热量。煤在气化炉中干燥以后,随着温度的进一步升高,煤分子发生热分解反应,生成大量挥发性物质(包括干馏煤气、焦油和热解水等),同时煤黏结成半焦。煤热解后形成的半焦在更高的温度下与通入气化炉的气化剂发生化学反应,生成以一氧化碳、氢气、甲烷及二氧化碳、氮气、硫化氢、水等为主要成分的气态产物,即粗煤气。灰分形成残渣排出。煤气化生产技术已有详尽探讨。

2. F-T 合成

费-托合成是煤间接液化主要方法,是煤间接液化技术的核心。它是以合成气(CO 和 H_2)为原料,在催化剂存在和适当反应条件下,合成以石蜡烃为主的液体燃料的过程。反应条件和催化剂的选择不同,主要发生的反应不同,得到的反应产物也不一样。

煤间接液化的合成反应,即费-托(F-T)合成,其生成油品的主要反应如下。

① 烷烃生成反应:

$$nCO + (2n+1)H_2 \longrightarrow C_nH_{2n+2} + nH_2O$$
$$2nCO + (n+1)H_2 \longrightarrow C_nH_{2n+2} + nCO_2$$

② 烯烃生成反应:

$$nCO + 2nH_2 \longrightarrow C_nH_{2n} + nH_2O$$
$$2nCO + nH_2 \longrightarrow C_nH_{2n} + nCO_2$$

③ 醇类生成反应:

$$nCO + 2nH_2 \longrightarrow C_nH_{2n+1}OH + (n-1)H_2O$$
$$(2n-1)CO + (n+1)H_2 \longrightarrow C_nH_{2n+1}OH + (n-1)CO_2$$

④ 醛类生成反应:

$$(n+1)CO + (2n+1)H_2 \longrightarrow C_nH_{2n+1}CHO + nH_2O$$
$$(2n+1)CO + (n+1)H_2 \longrightarrow C_nH_{2n+1}CHO + nCO_2$$

⑤ 水气变换反应:

$$CO + H_2O \longrightarrow H_2 + CO_2$$

⑥ 积炭反应:

$$CO + H_2 \longrightarrow C + H_2O$$
$$2CO \longrightarrow C + CO_2$$

除上述反应外,还有可能发生生成酮、酸、脂等含氧化合物的反应。

费-托合成催化剂主要是铁系催化剂,通常表面以金属氧化物形式存在,在合成气的还原气氛中表面被还原成活性的金属态和部分金属碳化物。一氧化碳的积炭反应会将催化剂表面覆盖炭灰而使催化剂失去活性,所以在研究催化剂和合成工艺时必须考虑如何减少积炭反应的发生。费-托合成反应器有固定床、流化床和浆态床三种形式。由于费-托合成是强放热反应,为了控制反应温度,必须把反应热及时从反应器内传输出去。

3. 合成油的精炼

从费托合成获得的液体产品分子量分布很宽,也就是沸点分布很宽,并且含有较多的醇、醛、酮、酸等烃的氧化物,必须对其精炼才能得到合格的汽油、柴油产品。精炼过程采用炼油工业常见的蒸馏、加氢、重整等工艺,这与石油的炼制加工基本相同,此不赘述。

二、F-T 合成反应机理

F-T 合成的基本原料 CO 和 H_2 是两个简单分子,但在不同反应条件下可合成不同的产物,且种类较多。CO 在催化表面活性中心上的解离是 F-T 合成中最基本的重要步骤。弄清楚合成反应机理有助于解决反应的起始、链增长以及产物分布和动力学研究等问题。

1. CO 和 H_2 在催化剂表面的活性吸附

CO 在金属表面的吸附常以羰基金属配合物表示(见图 3-1),C 原子上的 5σ 孤立电子

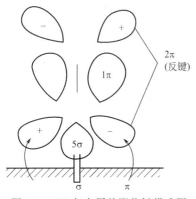

图 3-1 CO 与金属的配位键模式图

向金属原子的空轨道提供电子,首先形成两者之间的强 σ 键,然后金属原子的 d 轨道将电子反馈给 CO 的反键 2π 轨道,形成金属与 CO 间的 π 键,由于这两个键的共同作用,故 CO 依靠 C 原子在金属表面被牢固吸附,但由于 π 键反馈,使得 C 与 O 之间的反键增强,故 C—O 键被削弱而变得不稳定,即吸附的 CO 被活化。它的反应性可以近似地认为与 π 键反馈的大小有关。如果 π 键进一步增大,C—O 键就更加不稳定,直至最后发生断裂,即 CO 在金属表面发生解离吸附。

CO 在金属表面的吸附类型主要有线形 M—C≡O 和桥型 $O=C\begin{smallmatrix}M\\M\end{smallmatrix}$ 等,在铁催化剂中加入少量钾可以提高产物中高级烃和烯烃的选择性,其原因就是钾能向铁提供电子,一方面增加 CO 的吸附,另一方面由于 π 键反馈加强而使 C—O 键削弱。

H_2 的吸附相对要简单些,要使 H_2 发生活化吸附,金属原子必须有空 d 电子轨道,但又不能太多,只有过渡金属最适合担当此任。

2. 产物生成机理

费-托合成是一种复杂的催化反应过程,费关于费托合成产物的生成机理有多种,下面仅列举具有代表性的几种:

① 表面碳化机理 表面碳化物机理是由 F. Fisher 和 H. Tropsh 等人最先提出。他们认为,CO 和 H_2 接近催化剂时,容易被催化剂表面或表面金属所吸附,并且 CO 比 H_2 更容易被催化剂所吸附,因此碳氧之间的键被削弱而形成碳化物 M—C。如果在 Co 催化剂、Ni 催化剂上合成,氧和活化氢反应生成水,即在 Co 催化剂或 Ni 催化剂上:

$$2Co + CO \longrightarrow CoC + CoO$$
$$CoO + H_2 \longrightarrow Co + H_2O$$
$$CoC + H_2 \longrightarrow Co + H_2C{<}$$
$$n(H_2C{<}) \longrightarrow C_nH_{2n}$$
$$C_nH_{2n} + H_2 \longrightarrow C_nH_{2n+2}$$

而在 Fe 催化剂上合成,氧和 CO 反应生成 CO_2。碳化物 M—C 再与活泼氢作用生成中间产物亚甲基 $H_2C{<}$,然后亚甲基再在催化剂表面上进行叠合反应,生成碳链长度不同的烯烃,烯烃再加氢得到烷烃,即在 Fe 催化剂上:

$$3Fe + 4CO \longrightarrow Fe_3C_2 + 2CO_2$$
$$Fe_3C_2 + H_2 \longrightarrow Fe_3C + H_2C{<}$$
$$n(H_2C{<}) \longrightarrow C_nH_{2n}$$

$$C_nH_{2n} + H_2 \longrightarrow C_nH_{2n+2}$$

烃链长短取决于氢气活化的情况,如果催化剂表面化学吸附氢少,则形成大分子的固态烃,如果氢的数量有限,则形成长度不同的链,如果氢气过剩,则生成甲烷。脱附速率取决于碳链的长短,高分子烃的脱附速率较慢,因而使它受到彻底的加氢。

优缺点:该机理能解释各种烃类的生成,但无法解释含氧化合物与支链产物的生成。

② 含氧化物形成机理　众所周知,费-托合成产物中总含有少量含氧化合物,但多数学者过去在费-托合成反应机理研究中对含氧化合物的形成研究甚少。Anderson 与 Pichler 提出的含氧中间体缩聚机理与 CO 插入机理中包括了羟基碳烯(M=CHOH)中间体,该中间体通过氢化形成各类含氧化合物。此后,Joachim 等人从 CO 插入金属链入手解释了费-托产物中含氧有机物的生成,其形成过程表示为:

$$C{\equiv}O + \underset{M}{CH_2} \longrightarrow \underset{\underset{M}{|}}{\overset{\overset{O}{\|}}{C}}\!\!-\!\!CH_2 \xrightarrow{2H} CH_3CHO_{(ads)} \xrightarrow{H_2} \begin{array}{c} CH_3CHO \\ CH_3CH_2OH \end{array}$$

$$C{\equiv}O + \underset{M}{CH_3} \longrightarrow \underset{\underset{M}{|}}{\overset{\overset{O}{\|}}{C}}\!\!-\!\!CH_3 \xrightarrow{CH_2} \underset{\underset{M}{|}}{CH_2}\!\!-\!\!\overset{\overset{O}{\|}}{C}\!\!-\!\!CH_3 \longrightarrow CH_2\!\!-\!\!\overset{\overset{O}{\|}}{C}\!\!-\!\!CH_3$$

烃类化合物与含氧有机化合物在催化剂的不同活性中心上生成,多数醇、醛、酮的形成途径与此相同。

优缺点:该机理较好地解释含氧化合物的形成过程,但忽略了表面碳化合物在链增长中的作用,无法解释了直链烃类产物的形成过程。

③ 一氧化碳插入机理　一氧化碳插入机理是 Pichler 和 Schulz 在研究了大量不同类型反应的实验结果的基础上,于 20 世纪 70 年代提出的。该机理认为 C—C 键的形成与增长主要是通过 CO 不断插入金属-烷基键而进行链增长的结果,起始的金属-烷基键是催化剂表面的亚甲基 $\diagdown\!CH_2\diagup$ 经还原而生成的。该机理的反应历程可简单的表示如下:

$$CO \xrightarrow{H_2} CH_2\!\!-\!\!O \longrightarrow CH_2 \xrightarrow{H_2} CH_3$$
$$CH_3 + CO \longrightarrow CH_3\!\!-\!\!CO \longrightarrow \cdots\cdots$$

优缺点:该机理较其他机理更详细地解释了直链产物的形成过程,除可解释直链产物形成过程外,还可解释含氧化合物的形成过程,但不能解释支链产物的形成,这一机理的广泛应用还有待于对活性中间体酰基还原过程的进一步深入研究。

④ 综合机理　由于 F-T 合成产物的分布较宽,生成了许多不同链长和含有不同官能团的产物。不同官能团的生成意味着反应过程中存在着不同的反应途径和中间体;另外由于催化剂和操作条件(反应温度和压力等)的改变引起产物分布的变化,表明存在着不同的反应途径。Anderson 在总结了几乎所有的机理模式后,将反应机理分成如下两个主要部分,即链引发和链增长。其中链引发有六种可能形式(Ⅰ~Ⅵ组),而链增长有五种可能的方式(A~E)。

链引发：

$$\text{I.} \quad \underset{M}{\overset{O}{\underset{|}{C}}} \longrightarrow \underset{M}{\overset{O}{\underset{|}{C}}}\!-\!\underset{M}{O} \longrightarrow \underset{M\ M-H_2O}{\overset{C-O}{}} \longrightarrow \underset{M}{\overset{CH}{\underset{|}{}}} + M$$

$$\text{II.} \quad \underset{M}{\overset{O}{\underset{|}{C}}} \xrightarrow{H_2} \underset{M}{\overset{H\ \ OH}{\underset{|}{C}}} \xrightarrow[-H_2O]{H_2} \underset{M}{\overset{CH_2}{\underset{|}{}}}$$

$$\text{III.} \quad \underset{M}{\overset{O}{\underset{|}{C}}} \xrightarrow{H} \underset{M}{\overset{H\ \ OH}{\underset{|}{C}}}$$

$$\text{IV.} \quad \underset{M}{\overset{H}{\underset{|}{}}} \xrightarrow{CO} \underset{M}{\overset{H\ \ CO}{\underset{|}{}}} \longrightarrow \underset{M}{HCO} \longrightarrow \underset{M\ M}{CH\!-\!O} \xrightarrow[-H_2O]{H_2} \underset{M}{\overset{CH_2}{\underset{|}{}}} + M$$

$$\text{V.} \quad \underset{M}{\overset{H}{\underset{O}{}}} \xrightarrow{CO} \underset{M}{\overset{O\ \ CH}{\underset{O}{}}} \xrightarrow{H_2} \underset{M}{\overset{CHOH}{\underset{O}{}}} \xrightarrow[-H_2O]{H_2} \underset{M}{\overset{CH}{\underset{O}{}}}$$

$$\text{VI.} \quad \underset{M\ M}{O\!-\!C} \xrightarrow{H_2O} \underset{M}{\overset{H\ H}{\underset{O}{C}}} + M$$

链增长：

$$\text{A.} \quad \underset{M}{\overset{H_2}{\underset{|}{C}}} + \underset{M}{\overset{H_2}{\underset{|}{C}}} \longrightarrow \underset{M}{\overset{H\ \ H}{\underset{CH_2}{C}}} + M$$

$$\text{B.} \quad \underset{M}{\overset{R\ \ OH}{\underset{|}{C}}} + \underset{M}{\overset{H\ \ OH}{\underset{|}{C}}} \xrightarrow[-H_2O]{H_2} \underset{M}{\overset{CH_2\ OH}{\underset{|}{C}}} \overset{R}{} + M$$

$$\text{C.} \quad \underset{M}{\overset{R\ \ H}{\underset{|}{C}}} \xrightarrow{CO} \underset{M}{\overset{R\ \ H}{\underset{|}{C}}}\!CO \longrightarrow \underset{M}{\overset{R\ \ OH}{\underset{CO}{C}}} \longrightarrow \underset{M\ M}{\overset{R\ \ H_2}{\underset{C\!-\!O}{C}}} \xrightarrow[-H_2O]{H_2} \underset{M}{\overset{R\ \ H_2}{\underset{CH}{C}}} + M$$

D. $\underset{M}{\overset{CH_3}{\underset{|}{O}}} \xrightarrow{CO} \underset{M}{\overset{\overset{O}{\underset{|}{C}}CH_3}{\underset{|}{O}}} \xrightarrow{H_2} \underset{M}{\overset{\overset{OH}{\underset{|}{HCCH_3}}}{\underset{|}{O}}} \xrightarrow{H_2} \underset{M}{\overset{CH_2CH_3}{\underset{|}{O}}}$

E. $\underset{M}{\overset{\overset{R\ H}{\underset{|}{C}}}{\underset{|}{O}}} + \underset{M}{\overset{\overset{R\ H}{\underset{|}{C}}}{\underset{|}{O}}} \longrightarrow \underset{M\ M}{\overset{\overset{R\ H}{\underset{|}{C}}\ CH_2}{\underset{|\ \ |}{O\ \ O}}} \longrightarrow \underset{M}{\overset{\overset{R\ H}{\underset{|}{C}}\overset{R\ H}{\underset{|}{C}}}{\underset{|}{O}}} + \underset{M}{\overset{}{O}}$

通过对上述链引发和链增长反应进行适当的组合即可得出各种不同的机理模式,如链引发的Ⅲ和链增长的B的组合就是所谓的缩聚机理,而Ⅳ和C的组合便是插入机理,以此类推还可组成各种不同的新的机理模式。

优缺点:综合机理更具有普遍性,因为它可以通过不同组合模式,去解释更多的实验事实,因此,费托合成中所见到的产物都可按这一生成机理加以解释。

到目前为止,就已有大量文献报道的费-托合成反应机理,还是不能以一概全。虽然CO在铁基催化剂表面解离的事实成为碳化物机理的重要依据,但氧化物机理、CO插入机理等在一定程度上也得到了实验事实的支持。因此可以推测,在复杂费-托反应体系中,可能不存在单一的反应机理。费-托合成产物分布最终受几种反应机理共同制约。

三、F-T合成的产物分布

煤基F-T合成烃类油组分构成一般与操作反应条件、H_2/CO比、催化剂种类、反应器类型等因素有关,典型的F-T合成产品的分布与组成见表3-1。

表3-1 典型的F-T合成产品的组成与分布比较

产品(质量分数)/%	反应器 固定床 (Arge)	气流床 (Synthol)	产品(质量分数)/%	反应器 固定床 (Arge)	气流床 (Synthol)
甲醇(C_1)	5	10	软蜡($C_{20} \sim C_{30}$)	23	4
液化石油气($C_2 \sim C_4$)	12.5	33	硬蜡(C_{30}以上)	18	2
汽油($C_5 \sim C_{12}$)	12.5	39	含氧化合物	4	7
柴油($C_{13} \sim C_{19}$)	15	5			

根据化学反应计量式可计算出反应产物的最大理论产率,但对F-T合成反应,由于合成气(H_2+CO)组成不同和实际反应消耗的H_2/CO比例的变化,其产率也随之改变。利用上述主反应计量式可以得出每$1m^3$(标)合成气的烃类产率的通用计算式为:

$$Y = \frac{生成(-CH_2-)_n 物质的量 \times (-CH_2-)_n 分子量 \times 合成气物质的量}{消耗合成气物质的量 \times 1m^3 (标准状态)}$$

表3-2为不同合成气利用比时烃类的产率。

表 3-2　不同合成气利用比例时的烃类产率　　　　　　　　　　单位：g/m^3

利用比(H_2/CO)	原料气 H_2/CO 比		
	1/2	1/1	2/1
1/2	208.3	156.3	104.3
1/1	138.7	208.3	138.7
2/1	104.3	156.3	208.3

四、F-T 合成的影响因素

影响 F-T 合成反应速率、转化率和产品分布的因素很多，主要有反应器类型、原料气 H_2/CO 比、反应温度、压力、空速和催化剂等，关于 F-T 合成催化剂后面将作详细介绍。

1. 反应器

由于不同反应器所用的催化剂和反应条件互有区别，反应内传热、传质和停留时间等工艺条件不同，故所得结果显然有很大差别。典型的 F-T 合成的反应器有气固相类型的固定床、流化床和气流床以及气液固三相的浆态床等。一般情况下，与气流床相比，固定床由于反应温度较低及其他原因，重质油和石蜡产率高，甲烷和烯烃产率低，气流床正好相反，浆态床的明显特点是中间馏分的产率最高。

2. 反应温度

F-T 合成反应温度不仅影响 CO 的加氢反应速率，而且对反应物转化率及产物分布影响也很大。总体上，升高反应温度有利于反应物转化率的增加。产物分布的一般规律是低温时生成 CH_4 少、高沸点烃类多，高温时液态烃减少、CH_4 增加，这种温度效应在低压下尤为明显。当选用 Fe-Mn 系列催化剂时，其目的产物以低级烯烃为主，应选择较高的反应温度，利于低级烯烃生成；随着反应温度增加，烯烃明显增加，且 C_3 和 C_4 烯烃增加幅度更大些。对 Fe-Cu-K 催化剂而言，目的产物以液态烃和固体蜡为主时，在保证一定转化率时应选择尽量低的反应温度为宜。具体温度的确定还要考虑催化剂的活性温度范围。

3. 反应压力

F-T 合成反应一般需要在一定的压力下进行，不同催化剂和目的产物对系统压力要求也不一样。通常沉淀铁催化剂合成烃类需要中压，如对 Fe-Mn 催化剂希望 $C_2 \sim C_4$ 烃选择性高些，则宜选用较低压力。依据 F-T 合成反应特性，总体来说，提高反应压力有利于 F-T 合成活性的提高和高级烃的生成。

4. 原料气空速

随着原料气空速的增加，$(CO+H_2)$ 转化率逐渐降低，烃分布向低分子量方向移动，CH_4 比例明显增加，低级烃中烯烃比例也会增加，可见空速的提高有利于低碳烯烃生成。

5. 原料气 H_2/CO 比

以 Fe-Cu-K/隔离剂催化剂为例，在 H_2/CO 比为 $1.5 \sim 4$ 的范围内进行反应性能比较时，随着 H_2/CO 比上升，CO 转化率增加而 H_2 转化率下降，总的 (H_2+CO) 转化率也呈下降趋势，H_2/CO 利用比明显下降，有利于 CH_4 的生成。一般情况下，为了获得合适的反应结果，不宜选用 H_2/CO 比大于 2 的原料气。

6. 工艺参数对产物特征指标的影响

反映产物特征的指标有碳链长度、碳链异构烃含量、烯烃/烷烃比值和含氧化合物产率等。依据反应机理研究和实验结果可对工艺参数对产物成分的影响归纳如下。

① 影响碳链长度的因素 增加反应温度、增加 H_2/CO 比、降低铁催化剂的碱性、增加空速和降低压力均有利于降低产品中的碳原子数，即缩短碳链长度，反之则有利于增加碳链长度。在铁催化剂上生成 CH_4 的选择性是最低的，而采用钌催化剂在 100℃ 左右低温和 100MPa 左右的高压下长碳链烃类的选择性最高。

② 影响支链或异构化的因素 增加反应温度和提高 H_2/CO 比有利于增加支链烃或异构烃，反之，则有利于减少支链烃或异构烃。另外，对中压铁剂固定床合成，所得固体石蜡支链化程度很低，每 1000 个碳原子只有很少几个—CH_3 支链，而流化床和气流床反应器支链产物相对较多，尤其是常压钴剂场合。

③ 影响烯烃含量的因素 降低合成气中 H_2/CO 比、提高空速、降低合成转化率和提高铁化剂的碱性均有利于增加烯烃含量，反之不利于烯烃生成。采用中压加碱的铁催化剂时，不管固定床还是气流床，在通常的反应条件下，都有利于烯烃生成，而常压钴剂合成主要得到石蜡烃。

④ 影响含氧衍生物的因素 降低反应温度、降低 H_2/CO 比、增加反应压力、提高空速、降低转化率和铁催化剂加碱，用 NH_3 处理铁催化剂有利于生成羟基和羰基化合物，反之其产率下降。用钌催化剂在高压（CO 分压高）和低温下由于催化剂的加氢功能受到很强的抑制，故可生成醛类。铁催化剂有利于含氧化合物特别是伯醇的生成，主要产物是乙醇。

第二节 F-T 合成催化剂

F-T 合成只有在合适的催化剂作用下才能实现。它对反应速率、产品分布、油收率、原料气、转化率、工艺条件以及对原料气要求等均有直接的甚至是决定性的影响。

一、常见 F-T 合成催化剂及其特性

1. 铁系催化剂

F-T 合成催化剂中铁可以形成碳化铁和氧化铁，然而真正起催化作用的是碳化铁、氮化铁和碳氮化铁。目前，工业上用于 F-T 合成的铁催化剂一般可分为熔铁催化剂、沉淀铁催化剂和烧结铁催化剂三种类型。

（1）沉淀铁催化剂 沉淀铁催化剂属低温型铁催化剂，反应温度<280℃，活性高于熔铁剂或烧结铁剂。沉淀铁催化剂一般都含铜，所以常称为铁铜催化剂，用于固定床合成和浆态床合成。Cu、K_2O、SiO_2 是沉淀铁催化剂的最好助剂，这些助催化剂组分均有其各自的作用，如铜作结构助剂，一方面可以降低还原温度，有利于氧化铁在合成温度区间（250～260℃）用 $CO+H_2$ 进行还原，另一方面可以防止催化剂上发生炭沉积，增加稳定性；二氧化硅用作结构助剂，主要起抗烧结、增强稳定性、改善孔径分布大小和提高比表面积的作用；氧化钾的作用主要是提高催化剂活性和选择性，即增强对 CO 的化学吸附，削弱对氢气

的化学吸附，使反应向生成高分子烃类的方向进行，从而使产物中的甲烷减少，烯烃和含氧物增多，产物的平均分子量增加。

沉淀铁催化剂中也可以添加其他助催化剂，如 Mn、MgO、Al_2O_3 等，以增加机械强度和延长催化剂的寿命。Mn 具有促进不饱和烃生成的独特性质，因此一般用于 $C_2 \sim C_4$ 烯烃的生产。

目前工业应用的沉淀铁催化剂组成比例为：$100Fe：5Cu：5K_2O：25SiO_2$，称为标准沉淀铁催化剂。为了提高催化剂活性，需在 230℃ 下，间断地用高压氢气和常压氢气循环，对催化剂还原 1h 以上。使催化剂中的 Fe 有 25%～30% 被还原为金属状态，45%～50% 被还原为二价铁，其余为三价铁。还原后的铁催化剂需在惰性气体保护下储存，运输时需石蜡密封以防止其氧化。

标准沉淀铁催化剂在 2.5MPa、220～250℃ 下合成，CO 的单程转化率为 65%～70%，使用寿命为 9～12 个月。沉淀铁催化剂的缺点是机械强度差，不适合于流化床和气流床合成。

（2）熔铁催化剂　一般以铁矿石或钢厂的轧屑作为生产熔铁催化剂的原料，由于轧屑的组成较为均一，目前被优先利用。将轧屑磨碎至小于 16 目后，添加少量精确计量的助催化剂，送入敞式电弧炉中共熔，形成一种稳定相的磁铁矿，助剂呈均匀分布，炉温为 1500℃，由电炉流出的熔融物经冷却、多段破碎至要求粒度（<200 目）后在 400℃ 温度下用氢气还原 48～50h，磁铁矿（Fe_3O_4）几乎全部还原成金属铁（还原度 95%），就制得可供 F-T 合成用的熔铁催化剂。为防止催化剂氧化，必须在惰性气体保护下储存。

（3）烧结铁催化剂　以 Fe_3O_4（磁铁矿粉）为主体，配以 MgO、Cr_2O_3、Re_2O_3 等氧化物助剂，混合均匀后加入 3% 硬脂酸并在 40MPa 压力下压片成型，置于马弗炉中，先在 400℃ 下灼烧 2h，然后在 1100℃ 下烧结 4h，冷却后取出破碎成所需尺寸。

用铁催化剂进行的 F-T 合成一般都是在中压（0.7～3.0MPa）下进行的，因为常压下合成不仅油收率低，且寿命短。而通常温度<280℃ 时，在固定床或浆态床中使用，此时的铁催化剂完全浸没在油相中；温度>320℃ 时，在流化床中使用，温度将以最大限度地限制蜡的生成为界限。

2. 钴系催化剂

与 Fe 基催化剂相比，Co 基催化剂具有较好的碳链增长能力，反应产物以直链烷烃为主。产物中含氧化合物少，且具有在反应过程中不易积炭、水煤气变换反应活性低等优点。钴系催化剂钴在 F-T 合成反应中的活性相是金属钴，一般除了钴和载体之外，会添加贵金属助剂（Pt、Ru、Re 等）和金属氧化物（La、Ce、Zr、Mn、Th 以及碱土金属等金属的氧化物）助剂。

F-T 合成采用 $100Co-5ThO_2-8MgO-200$ 硅藻土（标准钴催化剂）催化剂，在 $H_2/CO=2$，反应温度为 160～200℃，压力为 0.5～1.5MPa 时，产品产率最高，催化剂的寿命最长，但与常压下合成相比，产品中含蜡和含氧化合物增多，所以制取合成油时宜采用常压钴催化剂合成，如果为了制取较多的石蜡和含氧物可采用中压钴催化剂合成。钴催化剂合成的产物主要是直链烷烃，油品较重，含蜡多。催化剂表面易被重蜡覆盖而失效，因此钴催化剂合成经运转一段时间后，为了恢复催化剂活性需要对催化剂进行再生。再生用沸点范围为 170～240℃ 合成油，在 170℃ 温度下，洗去催化剂表面的蜡，或者在 203～206℃ 温度下通入氢气使蜡加氢分解为低分子烃类和甲烷，从而恢复钴催化剂的活性。

由于钴催化剂较铁催化剂贵，对硫等催化剂毒物极为敏感，且机械强度较低，空速不能太大，只适用于固定床合成，其应用也受到了一定限制。

3. 新型复合催化剂

单一活性组分催化剂的 F-T 合成存在产物复杂及选择性差等问题，开发复合催化剂是提高 F-T 合成产品的选择性和质量的重要途径。所谓复合催化剂是采用机械的物理混合方法制成的 F-T 合成催化剂。通常是在原来单组分 F-T 合成催化剂的基础上，采用以 Fe、Co、Ru 等过渡金属作为主组分，同时添加其他金属所制备的 Fe-Mn 等合金型催化剂及把高活性的金属担载于具有细孔结构的担体上制成高分散的担载型催化剂，以及利用担体与活性组分间相互作用制得特定催化剂等。如以 Fe、Co、Fe-Mn 过渡金属元素等与 ZSM-5 分子筛混合组成的复合催化剂。典型的复合催化剂有 Fe/分子筛双功能催化剂、多元金属催化剂等。复合催化剂在 F-T 合成中显示出独特的综合效应和良好的催化作用，但目前尚在开发试验阶段，还没有得到广泛的工业应用。

二、F-T 合成催化剂的还原

新鲜的 F-T 合成催化剂内活性组分是以氧化物的形态存在的，不具有活性。必须用 H_2 或 H_2+CO 混合气在一定温度下将催化剂进行还原，将催化剂中的主金属氧化物部分或全部地还原为金属状态才具有活性。

H_2 和 CO 均可作还原剂，但因 CO 易于分解析出炭，所以通常用 H_2 作还原剂，只有 Fe-Cu 剂用 $CO+H_2$ 去还原。另外还要求还原气中的含水量小于 $0.2g/m^3$，含 CO_2 小于 0.1%，因为含水汽多，易使水汽吸附在金属表面，发生重结晶现象，而 CO_2 的存在会增长还原的诱导期。钴、铁催化剂的还原反应式为：

$$CoO+H_2 \longrightarrow Co+H_2O$$
$$NiO+H_2 \longrightarrow Ni+H_2O$$
$$Fe_3O_4+H_2 \longrightarrow 3FeO+H_2O$$
$$FeO+H_2 \longrightarrow Fe+H_2O$$
$$CoO+CO \longrightarrow Co+CO_2$$
$$NiO+CO \longrightarrow Ni+CO_2$$
$$Fe_3O_4+CO \longrightarrow 3FeO+CO_2$$
$$FeO+CO \longrightarrow Fe+CO_2$$

通常用还原度（即还原后金属氧化物变成金属的百分数）来表示还原程度。对合成催化剂，必须有最适宜的还原度，才能保证其催化活性最高。钴催化剂的理想还原度为 $55\% \sim 65\%$，镍催化剂的还原度要求 100%，熔铁催化剂的还原度应接近 100%。

不同催化剂的还原温度不同：钴催化剂为 $400 \sim 450℃$，Fe-Cu 催化剂为 $220 \sim 260℃$，熔铁催化剂为 $400 \sim 600℃$。

三、F-T 合成催化剂的失活、中毒和再生

催化剂的活性和寿命是决定催化反应工艺先进性、可操作性和生产成本的关键因素，对 F-T 合成也不例外。催化剂的使用寿命直接与失活和中毒有关，导致催化剂失活的主要因素

有催化剂的化学中毒、表面积炭、相变和烧结与污染等。

1. 化学中毒

（1）硫中毒　因为合成气在经过净化后仍含有微量硫化氢和有机硫化合物，它们在反应条件下能与催化剂中的活性组分生成金属硫化物，使其活性下降，直到完全丧失活性。

不同种类的催化剂对硫中毒的敏感性不同，钴系比铁系敏感。不同硫化物的毒性也不同，硫化氢的毒化作用不如有机硫化物强。铁系催化剂硫的含量要尽量控制在 5×10^{-6} 以下，钴系催化剂硫的含量控制要更低。一旦中毒，催化剂再生是很不容易的，需要将全部硫彻底氧化除尽后再还原才有效，一般不采取这样的再生方法，通常直接更换催化剂。

（2）卤化物中毒　除了硫之外，氯化物和溴化物离子也能使铁催化剂中毒失活，因为它们会与金属或金属氧化物反应生成相应的卤化盐类，而造成永久性中毒，其他还有 Pb、Sn 和 Bi 等，也是有毒元素。

（3）氧中毒　一般在转化率较高时，反应器中的水分压较高，在温度较高时，这会造成催化剂被氧化；还有一种情况就是合成气中氧含量提高也会造成催化剂被氧化。为此，一般规定合成气中氧的含量不能超过 0.3%。如果催化剂被氧化了，经过重新还原，催化剂活性可以恢复。

2. 积炭

由析炭反应产生的炭沉积和合成气中带入的有机物缩聚沉积会使催化剂失活。在通常的 F-T 合成反应条件下，Co 和 Ru 基催化剂几乎不积炭，而 Fe 基催化剂的积炭趋势较大，尤其在高温条件下更为突出。这是引起铁基催化剂失活的一个主因之一，尤其在高温条件下更为突出。一般发生积炭后，如果情况不严重，可以采用高压氢气或低氧处理催化剂，可以部分去除催化剂中的积炭，但是如果积炭严重，造成催化剂颗粒破碎粉化，必须更换催化剂。

3. 烧结

催化剂在反应过程中由于温度过高，尤其是"飞温"会造成表面发生熔结，再结晶和活性相转移烧结现象，烧结后催化剂表面积会大幅度下降，活性明显降低，甚至导致永久失活。

4. 结污

所谓结污是指催化剂在反应过程中受到了污染而导致本身活性的下降。铁基催化剂和钴基催化剂是因为反应中生成的高分子物质（如生成的重质蜡）积聚在催化剂的孔内，堵塞孔口，增加了反应物分子向孔内活性中心扩散的阻力，从而降低反应活性。如果发生这种情况，一般提高一点温度，增加空速就能解决这个问题，也可以在 200℃下用 H_2 处理，或用合成油馏分（170~274℃）在 170℃下抽提。

第三节　典型 F-T 合成工艺

一、工业上煤间接液化主要合成技术

煤间接液化已有 70 多年历史，发展到现在有多种工艺，按反应器分有固定床工艺、流化床工艺和浆态床工艺等；按催化剂分有铁剂、钴剂、钌剂、复合铁剂工艺等；按主要产品分有普通 F-T 工艺、中间馏分工艺、高辛烷值汽油工艺等；按操作温度和压力，可分为高温、低温与常压、中压工艺等。目前，工业上煤间接液化主要合成技术有以下几种。

（1）采用浆态床反应器的费托合成技术　该技术转化率可达到 90% 左右，无需进行尾气循环，传热性好，反应温度均匀，C_1 和 C_2 产率低，液态产物的选择性高，南非 Sasol 公司在改进催化剂和解决其分离困难后，已成功地将浆态床反应器放大投入了工业生产，产品主要是柴油和石蜡。

（2）改良费托法（MFT）　为了提高合成产品的选择性，将传统铁催化剂 F-T 合成与分子筛相结合，由原料气合成甲醇，再由甲醇合成汽油，主要生产汽油。

（3）SMDS 法　荷兰壳牌公司开发的两段法新工艺，第一阶段采用固定床反应器，使用钴催化剂，第二阶段采用常规加氢裂解技术，使第一阶段产物转变为高质量的柴油和航空煤油。

（4）TIGAS 法　丹麦托普索公司开发，由合成甲醇、二甲醚合成汽油的过程，第一段由合成气合成甲醇和二甲基丁烷，第二段由甲醇和二甲基丁烷转化为汽油。

（5）由合成气直接合成二甲基丁烷法　由于二甲基丁烷具有类似于液化石油气的性质，不但可替代 LPG 作为民用燃料，而且由于其十六烷值高，燃烧完全，污染排放少，是优质的柴油发动机燃料。国内外已完成中试及示范厂，准备大型化生产。

二、工业上典型 F-T 合成工艺

(一) 南非的 F-T 合成工艺

南非 Sasol 公司于 1955 年建成了第一座由煤生产液体运输燃料的 Sasol-Ⅰ厂，其总体生产装置及主要产品如图 3-2 所示。Sasol-I 厂有两种间接液化工艺，分别是前联邦德国的阿奇（Arge）公司承包建成的采用固定床反应器的阿奇公司工艺和美国凯洛格公司（M. W. Kellogg Co.）承包建成的采用流化床反应器的凯洛格（Kellogg）工艺。原料均为当地低品位烟煤。

1. 阿奇（Arge）工艺

阿奇气相固定床费-托合成工艺如图 3-3 所示。

来自造气车间原料经气净化后加压到 2.2MPa，以 1∶2.3 的混合比与合成循环尾气混合，再通过压缩机升压至 2.45MPa，与热的反应尾气换热升温至 200℃后进入固定床反应器顶部，经沉淀铁催化剂床层发生合成反应，反应热给水加热产生高压蒸汽。反应后的气体从底部出来，通过分离器分离出炉蜡（石蜡烃）后，再通过热交换器与原料气换热后分离出热凝缩油（软石蜡），然后进入水冷却器冷却至 35℃分离出冷凝缩油，尾气一部分返回进入循环气压缩机，一部分送烃回收装置。炉蜡及凝缩油通过后续加工制得燃料油和其他化工产品。

阿奇合成系统操作压力 2.4~2.5MPa，催化剂使用初期反应温度为 200~230℃。为了保持一定的 CO 转化率，在操作过程中反应温度逐步提高，总温升为 25~30℃。每个反应器每小时处理新鲜原料气 20000m³（相当于空速 500h^{-1}），合成反应 H_2/CO 利用比为 1.5。

为了防止催化剂氧化，应在 CO_2 气氛保护下给催化剂覆盖一层蜡，再于氮气气氛下装入反应器。原设计 1 台反应器停车更换催化剂的时间为 12d，南非 Sasol-I 厂已缩短为 4~5d，反应器操作系数达到了 96%，使年产量由 5.3 万吨增至 8 万吨，再经过优化生产条件，目前年产量已达 9 万吨。

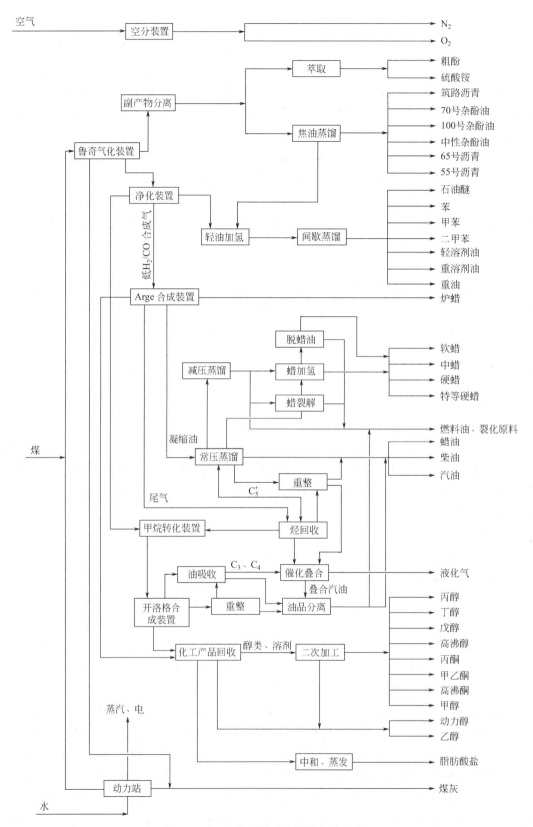

图 3-2 Sasol-Ⅰ厂生产装置及主要产品

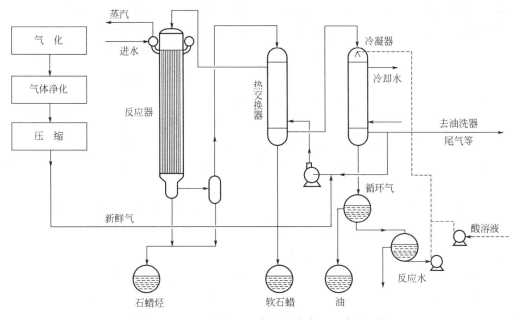

图 3-3　Sasol-Ⅰ厂 Arge 气相固定床 F-T 合成工艺

阿奇合成油品的加工流程如图 3-4 所示。

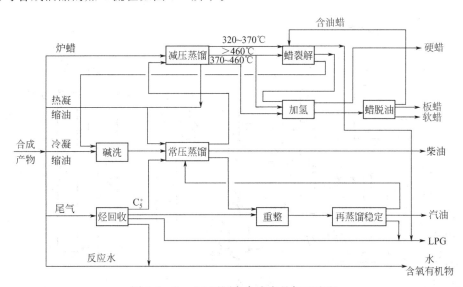

图 3-4　Sasol-Ⅰ厂阿奇合成产品加工流程

炉蜡及热凝缩油通过自动排液器分别进入贮槽，冷凝缩油（轻油、反应水及水溶性醇类）流至油水分离器。为了避免少量有机酸腐蚀冷凝器，在冷凝器顶部喷洒冷碱液，碱液与冷凝反应水收集在一起。分离出的油和水溶液都通过自动排液器分别进入油和水溶液贮槽，水溶液再经一次油水分离，分离出油的水溶液一部分加入新的碱作为中和液继续循环使用，其余送化工产品回收车间回收醇及有机溶剂。

冷凝缩油与炉蜡裂解后产生的二次产品通过碱洗及水洗后进入常压蒸馏塔，热凝缩油直接进入常压蒸馏塔。常压蒸馏塔顶产品送重整装置，经过反应可以将重石脑油的辛烷值提高 20 个单位。重整后的产物送入再分馏塔，塔顶物冷凝冷却后分出水分，油品送稳定塔，稳定塔底为合格汽油,塔顶 C_3~C_4 气体经氨冷收集与其他部分回收的 C_3~C_4 一起送叠合装置。常压蒸馏侧线生产煤油、柴油及燃料油。塔底含蜡油送减压蒸馏塔。

合成炉蜡先经过汽提塔,汽提出 320℃ 以下馏分送常压塔。汽提后的蜡油与常压塔底油进入第一个减压蒸馏塔,塔顶产生 320~370℃ 馏分,一般送蜡裂解装置,塔底进入平行操作的另两个减压塔。这两个减压蒸馏塔塔顶产品为 370~460℃ 馏分的蜡,塔底为高于 460℃ 的硬蜡。这两部分蜡主要为高沸点的饱和烃,但含有少量的烯烃及含氧有机物,需进一步加氢精制。加氢是分别进行的固定床液相加氢,反应温度 260℃,氢分压 5.0MPa,停留时间 2~3h。460℃ 以上馏分进入反应器前,先用陶瓷过滤器去除其中的机械杂质。加氢后的两个馏分先经过活性炭后经过陶瓷过滤器以除去液相反应带出的固体。460℃ 以上馏分加氢后得到精制硬蜡,通过切片机制成最终产品。460℃ 以下馏分加氢后产物通过溶剂脱油,生产符合规格的软蜡和中蜡。为了增加产品的灵活性,还有一套蜡裂解装置,可把硬蜡裂解成中蜡,把溶剂脱蜡的残油裂解成柴油和汽油。

阿奇合成尾气送低温甲醇洗烃回收装置回收的 C_3~C_4 与凯洛格合成产生的 C_3~C_4 合并,一起送叠合装置生产叠合汽油。反应生成水则送化工产品回收装置,提取醇及溶剂。

2. 凯洛格(Kellogg)工艺

凯洛格流化床费-托合成工艺如图 3-5 所示。

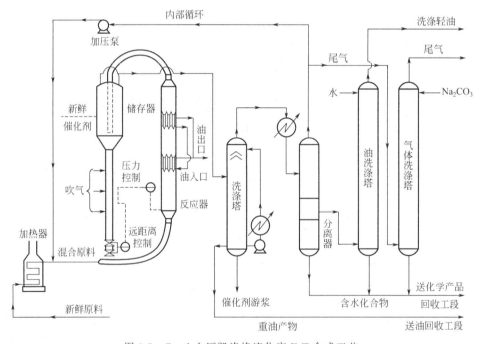

图 3-5 Sasol-Ⅰ厂凯洛格流化床 F-T 合成工艺

新鲜气经加热后和循环气压缩机压缩的循环气按 1:2 配成合成气,于 200℃ 进入反应装置入口,与通过滑阀下降的催化剂混合,滑阀的开度可用反应段底部床层的压差(与床层密度成正比)自动控制,也可通过手动控制。由沉降室来的热催化剂也用来加热气体并发生 F-T 反应。反应段设有两个冷却器,用热载体通过两个冷却器的管束将反应热带出,热载体循环经过一个蒸汽发生器,产生 1.3MPa 的饱和蒸汽。反应可用反应气体中催化剂承载量和反应温度来控制。

凯洛格流化床 F-T 合成熔铁催化剂气体与催化剂的混合物以 7.5～9m/s（操作状态）的线速度通过上升管进入反应器底部，反应在 1.7～2.0MPa、290～340℃下进行。

反应后气体与催化剂的混合物经鹅颈催化剂载流管进入气固分离段，催化剂下降至斗底，气体经过两组并列的旋风分离器进入反应生成气管。被气体带出损失的催化剂相当于循环量的 0.002%，这部分损失的催化剂由新催化剂补充来保持平衡。为了进行少量催化剂的置换，可通过平衡催化剂阀放出，通过新催化剂补充口加入新鲜催化剂。沉降在催化剂斗中的催化剂，通过下降管及滑阀返回反应段循环使用。

反应产物和气体经过旋风分离器分出催化剂后，进入重油洗涤塔，用循环的重油除去气体中的催化剂粉末。从重油洗涤塔底抽出的油糊经过冷却后，泵至塔顶循环使用，塔顶温度 145℃。经过洗涤塔冷凝下来的一部分重油作为油糊溢出并流至沉降槽，槽上部的重油送去回收，槽底油泥排出装置。

重油洗涤塔顶出来的气体经过除雾器进入冷凝冷却器冷却至 38℃，进入气液分离器。分出冷凝液后的气体一部分作为内循环气与新鲜合成气一起重新进入反应系统，另一部分进入尾气洗涤塔，用溶液除去气体中微量有机酸，然后送回收装置，通过油吸收塔回收气体中的 C_3～C_4，分离出 C_3～C_4 的气体作为外循环尾气送甲烷转化装置。

气液分离器分出的冷凝液分为油相和水相两层，油相作为分散相经过一个填料塔，用水洗去除其中的一部分含氧有机物，然后送油品加工装置。洗出的含氧有机化合物水溶液并入水相，而后一起送化工产品回收装置。

凯洛格循环流化床能保持良好的流化状态和长期稳定的运转，主要原因在于高空速和稀相流动操作以及高氢气分压合成。这种条件使催化剂内部不容易发生过热和积炭。即使出现积炭和粉碎现象，产生的粉末也都在分离段排出。

开发出的新型高效催化剂由钢厂锻渣制得，铁渣熔点高，以未还原氧化物和碱作助催化剂，在电弧炉中熔化，然后冷却，再用氢气还原制得。新催化剂使合成生产经济性提高，自 1963 年以来主产品产率提高了近 30%。

凯洛格合成油品的加工流程如图 3-6 所示。

凯洛格合成油产物中沸点在 340℃以下馏分都进行白土精制。重油洗涤塔流出的重油含有铁粉、杂质和高沸物，白土精制前需进行预处理，把固体物分离掉。分离后的重油用过热蒸汽预热至 230℃，进入减压闪蒸塔，从塔底通入蒸汽汽提，在 10kPa 绝对压力下进行闪蒸，控制回流比将沸点 340℃以下馏分全部蒸出。蒸出物与合成装置水洗后的冷凝油混合，经换热后进入加热炉预热至 425℃，而后再进入白土精制反应器。反应后油品经过换热后与减压蒸馏塔底馏分相混合，冷却后进入分离器。分离出的气体经增压后与合成尾气洗涤塔送出的外循环气混合，一并送入油吸收塔，吸收在 1.5MPa 和 38℃下进行。吸收后的尾气一部分作为外循环气送甲烷转化装置，另一部分送燃料气系统。由于气体中的一部分被吸收，产生的体积收缩使一部分水蒸气凝缩，这部分凝缩水从油吸收塔的第 4 层塔板排出。

吸收塔底的富油与再生塔底的贫油换热至 230℃后进入再生塔，再生塔塔釜贫油经过再沸器加热炉循环加热保持温度 295℃。通常将一部分塔釜贫油送至分馏塔，然后由吸收油汽提塔返回一部分吸收油，以保持吸收平衡。

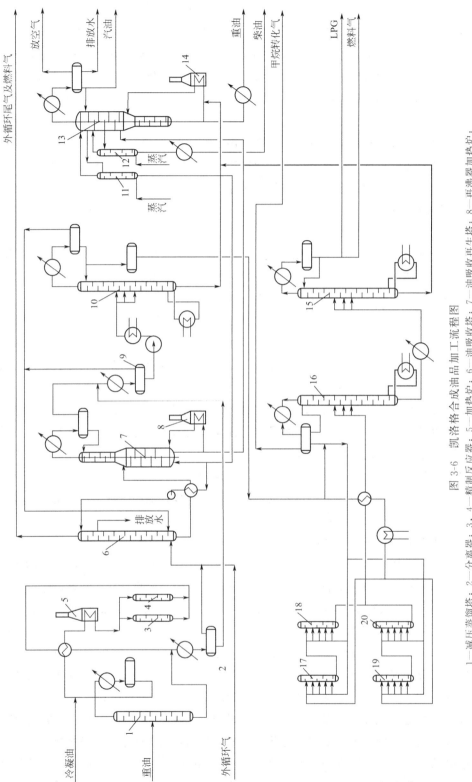

图3-6 凯洛格合成油品加工流程图

1—减压蒸馏塔；2—分离器；3、4—精制反应器；5—加热炉；6—油收塔；7—油吸收塔；8—再沸器加热炉；9—分离器；10—脱C₄塔；11—吸收油汽提塔；12—柴油汽提塔；13—分馏塔；14—加热炉；15—脱丁烷塔；16—脱丙烷塔；17～20—叠合反应器吸收油再生塔顶馏出物经过部分冷凝产生回流，未冷凝气体与分离器分离出的液体通过冷却器冷却至38℃后一起进入分离器。未冷凝的气体返回至油吸收塔，分离出的液体增压至2.0MPa，通过蒸汽预热至130℃，进入脱C_4塔。塔釜油品通过再沸器加热炉循环加热，保持温度220℃，塔顶用回流控制保持温度70℃，塔顶不凝气送回至油吸收塔。冷凝的C_3、C_4进入叠合原料罐与阿奇油品回收系统的C_3、C_4相混合送叠合装置。

脱C_4塔底的脱C_4油、叠合装置稳定塔底的叠合汽油与再生塔来的一部分贫油进入分馏塔。分馏塔顶馏出的产品为汽油，侧线一馏分通过吸收油汽提塔作吸收油，侧线二馏分通过柴油汽提塔作柴油，塔底重油送重油贮罐。

C_3、C_4馏分中含有约70%的烯烃，送入叠合装置去生产叠合汽油。叠合装置有4个反应器，每2个串联成一组，每个直径1.2m，高7.6m，内装固体磷酸催化剂。C_3、C_4原料分成两部分：量大的一部分升压至6.0~7.0MPa，与反应生成物换热后，用过热蒸汽加热至220℃，进入其中一组反应器进行叠合反应；另一部分量小的与脱丙烷塔塔顶馏分混合，作为反应激冷油送入反应器的适当部位。叠合产物减压至2.4MPa，送入脱丙烷塔。脱丙烷塔塔顶一部分返回作为激冷油，另一部分随不凝气送甲烷转化装置，塔底物减压至0.7MPa送入脱丁烷塔。脱丁烷塔塔顶产物作为液化气，塔底物送分馏塔作为汽油馏分。

Sasol-Ⅰ厂阿奇工艺和凯洛格工艺的合成操作条件与产物分布见表3-3。

表3-3　Sasol-Ⅰ厂合成操作条件与产物分布

操作条件与产物分布	阿奇合成	凯洛格合成
操作条件		
温度/℃	230	330
压力/MPa	2.5	2.0
H_2/CO 比	1.7	2.7
(H_2/CO)转化率/%	65	85
产物分布/%		
甲烷	5.0	10.0
乙烯	0.2	4.0
乙烷	2.4	6.0
丙烯	2.0	12.0
丙烷	2.8	2.0
丁烯	3.0	8.0
丁烷	2.2	1.0
C_5~C_{12}	22.5	39.0
C_{13}~C_{18}	15.0	5.0
C_{19}~C_{30}	23.0	4.0
C_{31}~蜡	18.0	2.0
含氧有机物	3.5	6.0
酸	0.4	1.0

在 Sasol-Ⅰ厂成功运行的基础上，1974 年开始南非在赛空达地区开工建设了 Sasol-Ⅱ厂，并于 1980 年建成投产。1979 年又在赛空达地区建设了 Sasol-Ⅲ厂，规模与Ⅱ厂相同，造气能力大约是 Sasol-Ⅰ厂的 8 倍。随着时代的变迁和技术的进步，Sasol 这三个厂的生产设备、生产能力和产品结构都发生了很大的变化。目前三个厂年用煤 4590 万吨左右，其中Ⅰ厂年处理 650 万吨，Ⅱ厂和Ⅲ厂年处理 3940 万吨，主要产品有汽油、柴油、蜡、氨、烯烃、聚合物、醇、醛等 113 种，总产量达 768 万吨以上，其中油品大约占 60%。

传统的费-托合成工艺技术存在着产物选择性差、工艺流程长，投资及成本高等缺点。近年来，为了解决传统费-托合成工艺技术的这些问题，国内外对费-托合成烃类液体燃料技术的研究开发工作都集中在如何提高产品的选择性和降低成本方面，通过高效、高选择性的催化剂开发、工艺流程简化及采用先进的气化技术等，对费-托合成技术及工艺进行了改进。目前已开发成功的先进的费-托合成工艺有：SMDS、MTG、MFT 等。

（二）美国 MTG 合成工艺

MTG（甲醇制汽油）工艺是指以甲醇作原料，在一定温度、压力和空速下，通过特定的催化剂进行脱水、低聚、异构等步骤转化为 C_{11} 以下烃类油的过程。甲醇转化成汽油的 MTG 技术是由美国美孚（Mobil）公司研究与开发公司开发成功的，这是甲醇制烃类工艺中的一种，是未来甲醇化工的主线之一。

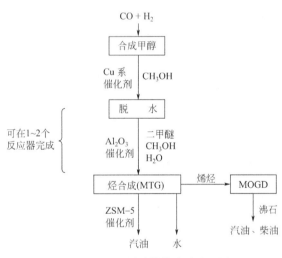

图 3-7 Mobil 甲醇转化汽油流程图

由合成气合成甲醇，再由甲醇转化成汽油的流程框图如图 3-7 所示。甲醇本身可用作发动机燃料或混掺入汽油中使用。之所以还要将甲醇转化为汽油，是由于甲醇能量比值小，溶水能力大，单位容积甲醇能量只相当于汽油的一半，且甲醇作燃料使用时能从空气中吸收水分，这会导致醇水不溶的液相由燃料中分出，致使发动机停止工作，此外还因为甲醇对金属有腐蚀作用，对橡胶有溶浸作用。

该技术间接克服了煤基合成甲醇直接作燃料的缺点，成为煤转化成汽油的重要途径。这一技术的核心是选择了沸石分子筛催化剂 ZSM-5，其优点是较 F-T 合成的成本低、合成汽油的芳烃含量高，特别是均四甲苯的含量达 3.6%，在性能上又与无铅汽油相当。

1. MTG 过程的反应原理

MTG 合成汽油的反应过程如下：

① 合成甲醇：$CO + 2H_2 \Longrightarrow CH_3OH$　　$\Delta H(25℃) = 90.84 kJ/mol$

当反应物中有 CO_2 时：$CO_2 + 3H_2 \Longrightarrow CH_3OH + H_2O$　　$\Delta H(25℃) = 49.57 kJ/mol$

② 甲醇转化：

$$2CH_3OH \underset{+H_2O}{\overset{-H_2}{\rightleftharpoons}} CH_3OCH_3 + H_2O$$

$$\updownarrow$$

轻质烯烃类＋水

$$\updownarrow$$

脂肪烃＋环烷烃＋芳香烃

2. MTG 生产工艺

MTG 反应为强放热反应，在绝热条件下，体系温度远超过反应允许的反应温度范围，因此反应生成热量必须移出，为此 Mobil 公司开发出两种类型的反应器，一种是绝热固定床反应器，另一种是流化床反应器。1979 年以来美国化学系统公司又成功地开发出浆态床甲醇合成技术并完成了中试研究，浆态床比其他反应器有独特优点。绝热固定床反应器把反应分为两个阶段，第一阶段反应器为脱水反应器，在其中完成二甲醚合成反应，在第二阶段反应器中完成甲醇、二甲醚和水平衡混合物转化成烃的反应。第一、第二反应器中反应热分别占总反应热的百分数为 20% 和 80%。

固定床 MTG 工艺流程如图 3-8 所示。来自甲醇合成工段的包括一些乙醚和水的粗甲醇与反应器出料进行换热至大约 300℃ 后进入二甲醚反应器，部分甲醇在 ZSM-5（或氧化铝）催化下转化为二甲醚和水，典型的组成为：19.1% 甲醇，45.0% 二甲醚，35.9% 水。该混合物与来自分离器的循环气相混合，循环气量与原料气量之比为 (7~9):1。混合气进入反应

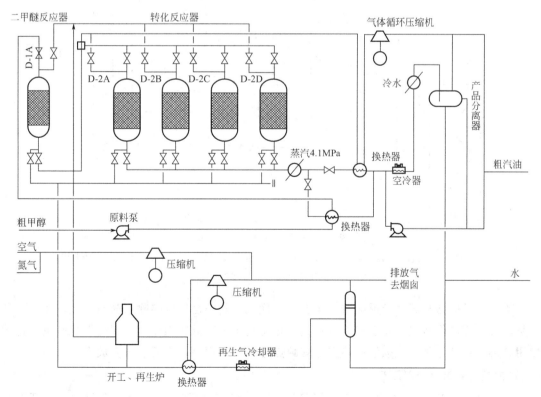

图 3-8　固定床反应器 MTG 工艺流程

器，压力为 2.0MPa，温度为 340～410℃，在 ZSM-5 催化下转化为烯烃、芳烃和烷烃，在绝热条件下温度升高约 38℃。离开转化反应器的产品气流首先进入废热锅炉产生蒸汽，产品气流被冷却，再和原料甲醇换热，最后用循环气、空气和水冷却。冷却后的产品流去分离器分离出水后得到粗汽油，分离出的气体循环回到反应器前与原料相混，再进入反应器。本工艺所得合成汽油中几乎不含杂质，其沸点范围和优质汽油相同。

本工艺中共有 4 个转化反应器，反应器的数量取决于工厂的生产能力和催化剂再生周期的长短。随着反应的进行，催化剂会因积炭而失活，因此必须定期进行再生（在正常操作条件下，至少有一个反应器在再生）。再生的方法是通入空气烧去积炭，周期约 20d。二甲醚反应器不会产生积炭，因此没有再生问题。

流化床反应器与固定床反应器完全不同，流化床反应器中，用一个反应器代替两段固定床反应器。甲醇与水混合后加入反应器，加料为液态或气态形式，在反应器上部气态反应产物与催化剂分离，催化剂部分去再生，用空气烧去催化剂上的积炭，从而实现催化剂连续再生，使反应器中催化剂保持良好的反应活性，不需用气体循环来除去反应热，反应热是通过催化剂外部循环直接或间接从流化床中移去。Mobil 公司开发的流化床 MTG 工艺流程如图 3-9 所示。

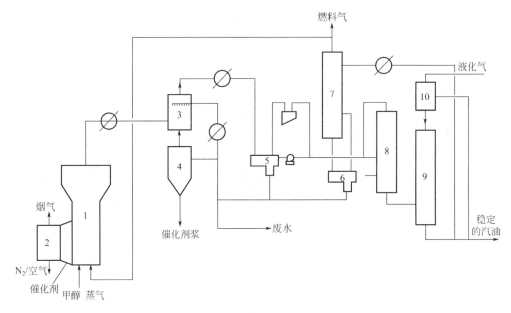

图 3-9　流化床 MTG 工艺流程

1—流化床反应器；2—再生器；3—洗涤器；4—催化剂沉降槽；5，6—高压分离槽；7—吸收塔；
8—脱气塔；9，10—烷基化装置

流化床反应器与固定床反应器相比有许多优点：其一是反应热除去简易、热效率高；其二是没有循环操作装置、建设费用低；其三是流化床可以低压操作；其四是催化剂可以连续使用和再生；其五是催化剂活性稳定。其缺点是开发费用高，需要多步骤放大。

（三）荷兰 SMDS 合成工艺

多年来，荷兰 Shell 公司一直在进行以煤或天然气合成气制取发动机燃料的研究开发工作，在 1985 年第 5 次合成燃料研讨会上，该公司宣布已开发成功 F-T 合成两段法的新技术——SMDS工艺，并通过中试装置的长期运转。Shell公司在报告指出，若利用以廉价的天然气制取的合成气（$H_2/CO=2.0$）为原料，采用SMDS工艺制取汽油、煤油和柴油产品，其热效率可达60%，而且经济上优于其他F-T合成技术。

SMDS合成工艺由一氧化碳加氢合成高分子石蜡烃（HPS）过程和石蜡烃加氢裂解或加氢异构化（HPC）制取发动机燃料两段构成。其工艺流程如图3-10所示。

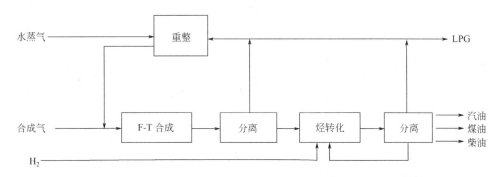

图3-10　Shell公司的SMDS工艺流程

该工艺于1993年在马来西亚Bintulu建厂投产，可产$50×10^4$t/a液体燃料，包括中间馏分油和石蜡。SMDS工艺分三个步骤：第一步由Shell气化工艺制备合成气；第二步采用改进的F-T工艺HPS（重质石蜡烃合成）；第三步由石蜡产物加氢裂解为中间馏分油。本工艺采用列管式固定床反应器和F-T合成钴基催化剂，反应温度200～250℃，压力3.0～5.0MPa。采用的钴基催化剂烃选择性高、碳利用率高、寿命长（2年以），比F-T合成铁催化剂寿命要长，且钴基催化剂更适合于由H_2/CO比约为2的合成气。钴基催化剂物理性质与铁催化剂有很大不同，不易粘壁，催化剂装卸难度不大，且长寿命的钴催化剂及从废钴催化剂可回收钴使得钴催化剂的制作成本不会成为太大的问题，因此采用固定床反应器的钴催化剂技术仍有一定的优势，Shell在马来西亚运行的固定床反应器产能约为4000lb/(d·台)（1lb=0.45359237kg），比Sasol的铁催化剂固定床反应器单台产能大。

HPS工艺流程如图3-11所示。新鲜合成气与由第一段高压分离器分离出的循环气混合后，首先与反应器排出的高温合成油气进行换热，而后由反应器顶部进入。该反应器装有很多充满催化剂的管子，形成一固定床反应器。由于合成反应是剧烈的放热反应，因此需用经过管间的冷却水将反应热移走。实际上，反应温度就是用蒸汽压力来控制和调节的（如果蒸汽压力调节不当，例如升高0.2～0.3MPa，就可能导致反应温度升高4～7℃）。一段反应器后排出的尾气与适量的氢气混合后，再与二段高压分离器分离出的循环气混合，经过换热器预热后由顶部进入二段反应器。反应气体经过充满催化剂的管式固定床层后，氢气和一氧化碳转化为烃和水，生成的烃类为正构链烃的混合物，其范围为C_1～C_{100}，小部分的一氧化碳和水转化为二氧化碳和氢气。反应后的气液分离是靠安装于反应器底部的一个特殊装置完成的。生成物中大约有50%为石蜡烃。

反应器排出的气体首先经过换热器进行冷却，而后气液相在一个中间分离器中分离，其中气体经空冷器冷却，带有部分液体的气体进一步在冷高压分离器中分离。因此，中间分离器和冷高压分离器都存在三个物相（即气体、液体产品和水）。由一段冷高压分离器排出的部分气体作为循环气以增加合成气的利用率，其余部分经循环压缩机压缩后供给第二级反应

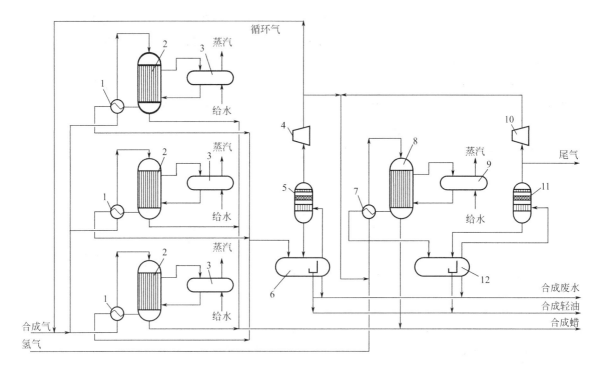

图 3-11 Shell 公司 SMDS 工艺 HPS 流程

1——段换热器；2——段合成反应器；3——段合成废热锅炉；4——段尾气压缩；5——段捕集器；
6——段分离器；7—二段换热器；8—二段合成反应器；9—二段合成废热锅炉；10—二段尾气压缩机；
11—二段捕集器；12 二段分离器

器，这股物流在进反应器之前要和二反后的循环气体混合，并且要再混合一部分氢气以调整 H_2/CO 的比值。第二反应器未反应的气体经冷高压分离器分离后，和生成的水及溶于水的一些含氧有机化合物分别进行进一步分离。

HPC 工艺流程如图 3-12 所示。HPC 的作用是将重质烃类转化为中间馏分油，如石脑油、煤油和瓦斯油。产品的构成可以灵活加以调节，如既可以让瓦斯油产量达到最大值也可以让煤油产量达到最大值。由 HPS 单元分离出的重质烃类产物经原料泵加压后，与新鲜氢气和循环气混合并与反应产物换热和热油加热后，达到设定温度后进入反应器，反应器内发生加氢精制、加氢裂化以及异构化反应，为了控制温度需向反应器吹入冷的循环气体。反应产物首先与原料换热，然后进入高温分离器，分离出的气体与低分油换热，再经过冷却器冷却后进入低温分离器。气体经循环气体压缩机压缩后返回反应系统，产物去蒸馏系统分馏、稳定，即可得到最终产品。

(四) 中国 MFT 合成工艺

尽管复合催化剂具有改善 F-T 合成产物分布、提高汽油馏分比例与质量等优点，但在实际应用时还存在一些难以解决的问题。因为，F-T 合成反应温度不宜太高，一般不应超过 300℃，温度升高会使产物中 CH_4 和气态烃生成量增大，且催化剂的结炭速率加快，造成催化剂的过早失活，而形选分子筛的最佳反应温度可达 320℃ 以上。此外，F-T 合成催化剂不需再生，而分子筛则需多次再生，因此两种催化剂混合在同一反应器中，存在着最佳反应温度不同、再生不便等矛盾，致使复合催化剂的应用受到了限制。

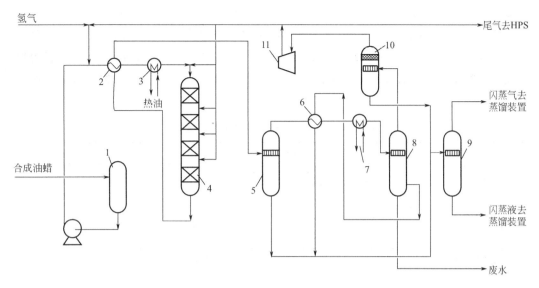

图 3-12　Shell 公司 SMDS 工艺 HPC 流程图

1—原料罐；2—换热器；3—加热器；4—HPC 反应器；5—高温分离器；6—换热器；7—冷却器；8—低温分离器；
9—闪蒸罐；10—捕集器；11—循环气体压缩机

为了解决上述问题，中国科学院山西煤炭化学研究所提出了将传统的 F-T 合成与沸石分子筛特殊形选作用相结合的两段法合成（简称 MFT）工艺，其基本工艺流程原理如图 3-13 所示。

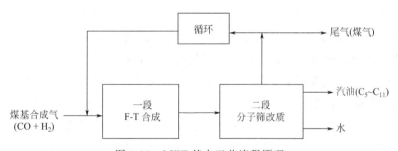

图 3-13　MFT 基本工艺流程原理

MFT 合成的基本过程是采用两个串联的固定床反应器，使反应分两步进行，合成气（$CO+H_2$）经净化后，首先进入装有 F-T 合成催化剂的一段反应器，在这里进行传统的 F-T 合成烃类的反应，所生成的 $C_1 \sim C_{40}$ 宽馏分烃类和水以及少量含氧化合物连同未反应的合成气，立即进入装有形选分子筛催化剂的二段反应器，进行烃类改质的催化转化反应，如低级烯烃的聚合、环化与芳构化，高级烷、烯烃的加氢裂解和含氧化合物脱水反应等。经过上述复杂反应之后，产物分布由原来的 $C_1 \sim C_{40}$ 缩小到 $C_5 \sim C_{11}$，选择性得到了更好的改善。由于两类催化剂分别装在两个独立的反应器内，因此各自都可调整到最佳的反应条件，充分发挥各自的催化特性。这样，既可避免一段反应器温度过高而抑制了 CH_4 的生成和生碳反应，又利用二段分子筛的形选改质作用，进一步提高产物中汽油馏分的比例，且二段分子筛催化剂又可独立再生，操作方便，从而达到了充分发挥两类催化剂各自特性的目的。

表3-4 为沉淀铁催化剂的 MFT 合成与复合催化体系合成的对比结果。MFT 合成与复合催化合成产物比较，CH_4 的生成量减少了 20% 以上，气态烃减少 5% 以上，汽油馏分则相应地增加 30% 以上，这是由于 MFT 采用尾气循环后，氢气转化率提高，合成气利用比增大，使得产物中液体油收率增大。而且，汽油中的芳烃含量仍可维持在 20%~30% 的水平，油品的质量得到了改善。

表3-4　MFT 与复合催化体系 F-T 合成结果对比

催化剂	MFT 两段		复合催化剂
	沉淀铁/ZSM-5		沉淀铁+ZSM-5
温度/℃	230/300	260/320	300
压力/MPa	2.5	2.5	1.2
合成气 H_2/CO	2	1.3~1.4	2.0
尾气循环比	1.6	1.2	0
CO 转化率/%	88.0	84.6	94.1
H_2 转化率/%	70.4	78.0	37.5
烃产品分布/%			
C_1	6.6	7.3	30.7
C_2~C_4	18.4	11.2	23.9
C_2~C_4 烯烃	2.0	<1.0	2.5
C_5~C_{11}	75.0	79.5	45.4
C_5~C_{11} 芳烃	20~30	30~40	40.1
C_{12+}	~0	<20	0

MFT 工艺过程不仅明显地改善了传统 F-T 合成的产物分布，较大幅度地提高了液体产物（主要是汽油馏分）的比例，并且控制了甲烷的生成和重质烃类（C_{12+}）的含量。从工业化应用考虑，MFT 工艺又克服了复合催化体系 F-T 合成的不足，解决了两类催化剂操作条件的优化组合和分子筛再生的矛盾。所以，MFT 合成是一条比较理想的改进的 F-T 工艺过程。

中国科学院山西煤炭化学研究所从 20 世纪 80 年代初就开始了这方面的研究与开发，先后完成了实验室小试、工业单管中试试验（百吨级）和工业性试验（2000t/a）。

MFT 合成工艺流程如图 3-14 所示。水煤气经压缩、常温甲醇洗、水洗、预热至 250℃，经 ZnO 脱硫和脱氧成为合格原料气，与循环气以 1∶3 的比例混合后进入加热炉对流段，预热至 240~255℃送入一段反应器，反应器内温度 250~270℃、压力 2.5MPa，在铁催化剂存在下主要发生 $CO+H_2$ 合成烃类的反应。由于生成的烃分子量分布较宽（C_1~C_{40}），需进行改质，故一段反应生成物进入一段换热器与二段尾气（330℃）换热，从 245℃升至 295℃，再进加热炉辐射段进一步升温至 350℃，然后送至二段反应器（两台切换操作）进行烃类改质反应，生成汽油。二段反应器温度为 350℃，压力为 2.45MPa。为了从气相产物中回收汽油和热量，二段反应产物首先进一段换热器，与一段产物换热后降温至 280℃，再进入循环气换热器，与循环气（25℃，2.5MPa）换热至 110℃后，入水冷器冷却至 40℃。至此，绝大多数烃类产品和水均被冷凝下来，经气液分离器分离，冷凝液靠静压送入油水分离器，将粗汽油与水分开。水计量后送水处理系统，粗汽油计量后送精制工段蒸馏切割。分离粗汽油和水后，尾气中仍有少量汽油馏分，故进入换冷器与冷尾气（5℃）换冷至 20℃，

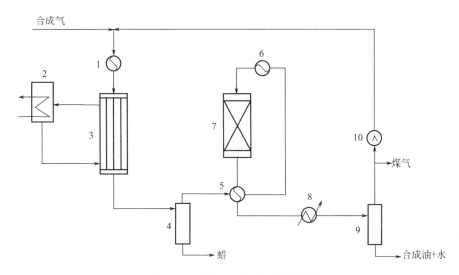

图 3-14 MFT 合成工艺流程简图

1—加热炉对流段；2—导热油冷却器；3—一段反应器；4—分蜡罐；5—一段换热器；6—加热炉辐射段；7—二段反应器；8—水冷器；9—气液分离器；10—循环压缩机

入氨冷器进而冷至 1℃，经气液分离器分出汽油馏分。该馏分直接送精制二段汽油储槽。分离后的冷尾气（5℃）进换冷器与气液分离器来的尾气（40℃）换冷到 27℃，回收冷量。此尾气的大部分作为循环气送压缩二段，由循环压缩机增压，小部分供作加热炉的燃料气，其余作为城市煤气送出界区。增压后的尾气进入循环气换热器，与二段尾气（280℃）换热至 240℃，再与净化、压缩后的合成原料气混合，重新进入反应系统。

三、F-T 合成新工艺开发

F-T 合成技术发展趋势是通过进一步完善经工业实践检验的列管式固定床反应器技术，开发先进的浆态床反应器技术。

浆态床反应器技术是在 20 世纪 70 年代美国 Mobil 公司成功开发 ZSM-5 催化剂基础上，通过对 F-T 合成过程进行改进后开发成功的。浆态床两段 F-T 合成过程，简化了后处理工艺，使 F-T 合成过程取得了突破性进展。该公司于 1976 年开发了 MTG 工艺，并于 1985 年在新西兰建立以天然气为原料年产 80×10^4 t 汽油的工业装置。此外，丹麦的 Topsoe 公司开发了 TIGAS 过程的中试装置，日本三菱重工与 COSMO 石油公司联合开发了 AMSTG 模试过程，荷兰 Shell 公司开发了 SMDS 过程等工业化技术。

常规的 F-T 合成反应，由于其产物分子量范围很宽，反应又有很大的热效应，因而存在着高分子量烃在催化剂表面积炭造成催化剂失活、堵塞床层以及催化剂表面及床层局部过热等问题。Yokata 等用正己烷为超临界流体研究了在 $Ru-Al_2O_3$ 催化剂上的 F-T 合成反应，有效地除去了催化剂表面上生成的蜡，而且烯烃的比例有所提高。原因在于此反应首先生成烯烃，然后加氢生成烷烃，在超临界相中，烯烃难以在催化剂表面长时间停留，抑制了烯烃的加氢反应，提高了烯烃的比例。阎世润等以正戊烷为超临界流体研究了在 $Co-SiO_2$ 催化剂上的 F-T 合成反应，超临界相反应 CO 的转化率明显高于气相反应，并且长碳链产物的比重有所提高。超临界介质改善了催化剂微孔内 CO 和 H_2 的传质速率，使 CO 的转化率及烃的收率都显著提高。同时因链增长反应是放热反应，在超临界流体条件下，反应热更容易被移去，因而有利于长链产物的生成，低链产物的比例降低。

第四节 煤间接液化主要设备

高效可靠的 F-T 合成工业反应器是煤制油装置的关键设备。满足散热性能好、原料气分布均匀、易制造维护等是 F-T 合成反应的必需要求。F-T 合成所用的催化反应器有多种，较典型的有气固相流化床反应器、气固相固定床反应器和鼓泡淤浆床（浆态床）反应器，其中，气流床（循环流化床）反应器是目前较为先进的 F-T 合成反应器。高温 F-T 合成采用的反应器有 Synthol 循环流化床（CFB）和 SAS 固定流化床（FFB），低温 F-T 合成技术主要采用列管式固定床 Arge 反应器和浆态床反应器。

一、气固相固定床催化反应器

气固相固定床催化反应器是常用的催化反应器，广泛用于氧化、加氢、重整、变换、脱氢和碳一化工合成等许多领域，可分绝热式和连续式两大类，对反应热有很大的反应，一般多采用外冷列管式催化反应器。

用于 F-T 合成的气固相固定床反应器有常压平行薄层反应器、套管反应器和列管式反应器。它们的基本特征数据见表 3-5。

表 3-5 几种气固相固定床反应器的比较

基本特征数据	薄 层	套 管	列 管
催化剂	钴剂	钴剂和铁剂	铁剂
催化剂层厚/mm	7(纵向)	10	46
催化剂层长/m	2.5(横向)	4.55	12.0
操作温度/℃	180~195	180~215	220~260
操作压力(表压)/kPa	29.4	686~1176	1960~2940
新鲜气流量/(m^3/m^3 催化剂)	70~100	100~110	500~700
单段产量/[kg/(m^3 催化剂·d)]	190	210	1250
冷却面积/[$m^2/1000m^3$ 转化的($CO+H_2$)]	4000	3500	230

(1) 常压薄层反应器 是最早使用的 F-T 合成工业反应器，用于钴催化剂合成，常称为常压钴催化剂合成反应器。催化剂呈薄层铺在多层排列的多孔钢板上，其上有许多冷却水管穿过，用于移出反应热。由表 3-5 中数据可见，这种反应器笨重、效率低，故早已被淘汰。

(2) 套管式反应器 曾用于中压钴催化剂和中压铁催化剂合成，其外形为圆筒形，内装有 2044 根同心套管，外径分别为 21mm×24mm 和 44mm×48mm，长为 4.5m，结构如图 3-15 所示。催化剂置于管间环隙内，能装 $10m^3$ 催化剂。恒温散热压力水在内管的内部及水管的外部循环，将反应热带出。反应器内沸腾水同样与蒸汽收集器相连，汽水分离后水循环于反应器内，蒸汽送低压或中压蒸汽管路。与薄层反应器相比，套管式反应器热传递和生产能力有一定提高，但仍不能满足现代化工业的需求，也已弃之不用。

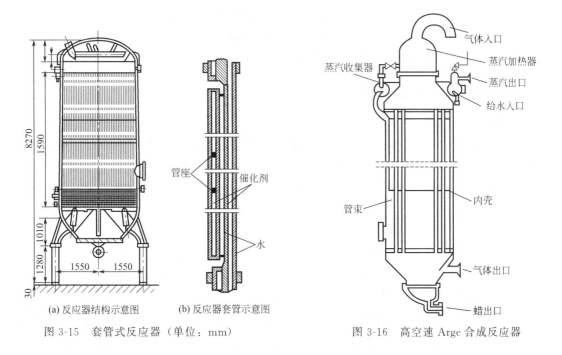

图 3-15 套管式反应器（单位：mm）

图 3-16 高空速 Arge 合成反应器

(3) 列管式反应器　是在上面两种反应器的基础上研究开发而成的高速固定床反应器。其特点为：

① 操作简单；

② 无论 F-T 合成产物是气态、液态还是混合态，在宽的温度范围内均可使用，无从催化剂上分离液态产品的问题；

③ 液态产物容易从出口气流中分离，适宜 F-T 蜡的生产，固定床催化剂床层上部可吸附大部分硫，从而保护其下部床层，使催化剂活性损失不很严重，因而受合成气净化装置波动影响较小。

Sasol 公司的 Arge 反应器至今仍在运行中。

Arge 反应器是由德国 Ruhchemie 和 Lurgi 共同开发成功的，1955 年投入使用，其结构如图 3-16 所示，反应器的直径为 3m，全高 17m，反应器内有 2052 根装催化剂的反应管，内径为 50mm，长 12m，可填充 40m³ 催化剂。反应器中的催化剂用栅板承担，栅板安装在底部管板下，由几块扇形栅板组成，更换催化剂时可将栅板打开，将催化剂卸出。管子间有沸腾水循环，合成时放出反应热，借水蒸发产生蒸汽被带出反应器。反应器顶部装有一个蒸汽加热器，用来加热入炉气体，底部设有反应后油气和残余气出口管、石蜡出口管和二氧化碳入口管。Arge 反应器采用 Lurgi 炉产的原料气，H_2/CO 比为 1.7～1.8，且原料气中甲烷约占 13%，操作温度为 220～250℃，反应压力为 4.5MPa。

Arge 反应器的传热系数大大提高，冷却面积减少，一般只有薄层反应器的 5%、套管反应器的 7%，同时催化剂床层各方向的温度差减小，合成效果得到改善。

列管式固定床反应器的缺陷主要有：

① 大量反应热要导出，因此催化剂管直径受到限制；
② 催化剂床层压降大，尾气回收（循环）压缩投资高；
③ 催化剂更换困难，且反应器管径越小，越困难，耗时越多；
④ 装置产量低，通过增加反应器直径、管数来提高装置产量的难度较大。

总之，气固相固定床反应器的投资较高，比较适合于中小规模生产。

二、气固相流化床反应器

1. 循环流化床反应器（CFB）

最早的流化床反应器是由 Kellogg 公司开发的循环流化床反应器，经 Sasol 公司多次技术改进及放大，现称为"Sasol Synthol"反应器。该反应器使用的是约 74μm 的熔铁粉末催化剂，催化剂悬浮在反应气流中，被气流夹带至沉降器进行分离后再循环使用，其结构如图 3-17 所示。每套装置有一个反应器，一个催化剂分离器和输送装置。反应器的直径为 2.25m，总高度为 36m，由 4 部分组成，即反应器、沉降漏斗、旋风分离器和多孔金属过滤器，合成原料气从反应器底部进入，与立管中经滑阀下降的热催化剂流混合，将气体预热到反应温度，进入反应区，反应器的上、下两段设油冷装置，用以带出反应热，其余部分被原料气和产品气吸收，催化剂在较宽的沉降漏斗中，经旋风分离器与气体分离，由立管向下流动而继续使用。输送装置包括进气提升管和产物排出管，直径均为 1.05m；催化剂分离器内装两组旋风分离器，每组有两个旋流器串联使用。

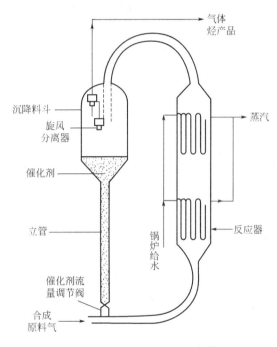

图 3-17 Sasol Synthol 反应器

循环流化床反应器传热效率高，温度易于控制，催化剂可连续再生，单元设备生产能力大，结构比较简单，其特点是：

① 初级产物烯烃含量高；
② 相对固定床反应器产量高；
③ 在线装卸催化剂容易、装置运转时间长；
④ 热效率高、压降低、反应器径向温差低；
⑤ 合成时，催化剂和反应气体在反应器中不停地运动，强化了气-固表面的传质、传热过程，因而反应器床层内各处温度比较均匀，有利于合成反应；
⑥ 反应放出的热一部分由催化剂带出反应器，一部分由油冷装置中油循环带出，由于传热系数大，散热面积小，生产量显著地提高。一台 Synthol 反应器相当于 4~5 台 Arge 反应器，生产能力为 $7×10^4$ t/(a·台)，改进后的 Synthol 反应器可达 $18×10^4$ t/(a·台)，但装置结构复杂、投资高、操作烦琐、检修费用高、反应器进一步放大困难、对原料气硫含量

要求高。

Sasol-Ⅱ和Sasol-Ⅲ厂曾使用φ3.6m、高75m的大型循环流化床反应器,操作温度350℃,压力2.5MPa,催化剂装填量450t,循环量8000t/h,每台反应器生产能力$26×10^4$t/a。运转时新鲜原料气与循环气混合后在进入反应系统前先预热至160℃,混合气被返回的热催化剂在水平输送管道部分被很快加热至315℃,F-T反应在提升管及反应器内进行。反应器内的换热装置,移出反应热的30%~40%,反应器顶部维持在340℃,生成气与催化剂经沉降室内的旋风分离器进行分离。

2. 固定流化床反应器(FFB)

Synthol循环流化床反应器虽然相比Arge固定床反应器有许多显著的优点,但也有许多不足之处,因此Sasol公司又成功地开发了固定流化床F-T合成反应器,简称为SAS反应器。SAS反应器在许多方面要优于Synthol反应器,如相同处理能力下体积较小,SAS反应器的直径可以是Synthol反应器的两倍,而高度却只有后者的一半;SAS反应器取消了催化剂循环系统,加入的催化剂能得到有效利用,反应器转化性能的气/剂比(合成气流量与催化剂装入量之比)是Synthol的两倍;SAS反应器的投资是相同生产能力Synthol反应器的一半左右;SAS反应器操作费用较低,转化率较高,生产能力得到提高,操作简单。此外,SAS反应器中的固-气分离效果好于Synthol反应器。

固定流化床反应器是一个带有气体分配器的塔,流化床为催化剂,床层内置冷却盘管,配有从气相产品物流中分离催化剂的设备,见图3-18。该反应器将催化剂置于反应器内,并保持一定料位高度,以满足反应接触时间。基于铁催化剂密度的特点,采用比循环流化床反应器催化剂更细的催化剂粒子,并增加了气体分布器,形成了细粒子、高速浓相流化的工艺特点。

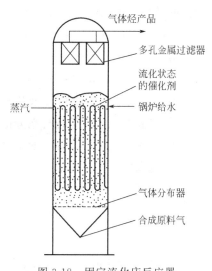

图3-18 固定流化床反应器

Sasol公司在1989年建成了八台SAS反应器,该反应器直径5m、高22m。1995年又设计了直径8m、高38m的反应器,单台生产能力1500t/d。1999年末投产了直径10.7m、高38m的SAS反应器,单台生产能力达到2500t/d。SAS反应器操作温度较高为350℃左右,主要产品为汽油、柴油和烯烃等化工产品。

三、鼓泡淤浆床(浆态床)反应器

浆态床反应器用于F-T合成和碳一化工是当前研究开发的热点,受到广泛重视。其开发研究始于1938年,由德国Kolbel等的实验室首先开发研究,1980年前后南非Sasol公司也开始浆态床反应器的开发研究,并于1993年5月投产了直径5m、日产2500桶液体燃料的浆态床F-T合成工业装置,该反应器称为SSPD反应器。运行结果表明了浆态床反应器F-T合成的技术特点和经济优势。

浆态床合成反应器属于第二代催化反应器,是一个三相鼓泡塔,其结构如图3-19所示,外形像塔设备,反应器内装有循环压力水管,底部设气体分布器,顶部有蒸汽收集器,外部

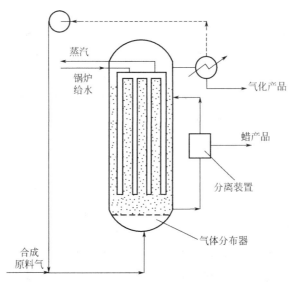

图 3-19　浆态床合成反应器

为液面控制器。反应器在 250℃下操作，由原料气在熔融石蜡和特殊制备的粉状催化剂颗粒中鼓泡，形成浆液。经预热的合成气原料从反应器底部进入，扩散入由生成的液体石蜡和催化剂颗粒组成的淤浆中。在气泡上升的过程中合成气不断地发生 F-T 转化，生成更多的石蜡。反应产生的热由内置式冷却盘管生产蒸汽取出。产品蜡则用 Sasol 开发的专利分离技术进行分离，分离器为内置式。从反应器上部出来的气体冷却后回收轻组分和水。获得的烃物流送往下游的产品改质装置，水则送往水回收装置处理。

浆态床鼓泡反应器的气-液流型可分三个区（其流型见图 3-20）：

① 安静鼓泡区，又称气泡分散区；

② 湍流鼓泡区，又称气泡聚并区；

③ 栓塞区，又称节涌区。

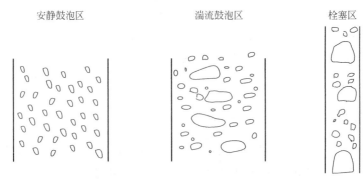

图 3-20　气-液鼓泡反应器流型

Sasol 浆态床反应器特点：

① 结构更简单，放大更容易，浆态床反应器最大可放大到 14000lb/d，而管式固定床反应器仅能放大到 1500lb/d；

② 反应物混合好、传热好，反应器内温度均匀（温差不超过±1℃），可等温操作；

③ 单位反应器体积的产率高,每吨产品催化剂的消耗仅为管式固定床反应器的20%～30%,可在线装卸催化剂;

④ 产品的灵活性强,通过改变催化剂组成、反应压力、反应温度、H_2/CO比值以及空速等条件,可在较大范围内改变产品组成,适应市场需求的变化;

⑤ 浆态床反应器的压降低(小于0.1 MPa,管式固定床反应器可达0.3～0.7 MPa);

⑥ 反应器控制更简单,操作成本低;

⑦ 有规律地替换催化剂,平均催化剂寿命易于控制,从而更易于控制过程的选择性,提高粗产品的质量;

⑧ 反应器结构简单,投资低,仅为同等产能管式固定床反应器系统的25%;

⑨ 需采用特殊的制备和成型方法制作催化剂,因为该反应器对原料气硫含量要求比固定床更为严苛,因此催化剂必须具有一定的粒度范围(30～100μm)和一定的磨损强度,以有利于催化剂和蜡的分离。

浆态床合成反应器的缺点:

① 与固定床相比催化剂颗粒较易磨损,但其磨损程度低于气固相流化床;

② 当有液体产物时,需对流出的淤浆进行液固分离,回收催化剂,技术难度较大;

③ 要求所使用的液体为惰性,不与反应物或反应产物发生任何化学反应,蒸气压低,热稳定好,这一点对F-T合成不成问题,若进行氧化反应,筛选惰性液体介质就成为难题;

④ 传质阻力高于气固流化床,气相有一定程度的返混,从而影响反应器的总体速率。

四、几种反应器的比较

表3-6为几种典型反应器性能特征,就典型的气固相流化床反应器、气固相固定床反应器和鼓泡淤浆床(浆态床)反应器相比较,结合前面介绍综合考虑,每种反反应器各具特点,但气流床(循环流化床)反应器综合考虑相对更为较为先进些。

表3-6 固定床、流化床和浆态床反应器的特征

特 征	固定床	循环流化床	固定流化床	浆态床
热交换速率或散热	慢	中到好	高	高
系统内的热传导	差	好	好	好
反应器直径限制	大约8cm	无	无	无
高气速下的压力降	小	中	高	中到高
气相停留时间分布	窄	窄	宽	窄到中
气相的轴向混合	小	小	大	小到中
催化剂的轴向混合	无	小	大	小到中
催化剂用量/%	0.55～0.7	0.01～0.1	0.3～0.6	最大0.6
固相的粒度/mm	1.5	0.01～0.5	0.003～1	0.1～1
催化剂的再生或更换	间歇合成	连续合成	连续合成	连续合成

实践项目　煤间接液化装置操作
（脱硫工段操作规程）

一、工艺简介

来自洗脱苯工段的粗煤气依次串联进入脱硫塔下部与塔顶喷淋下来的脱硫液逆流接触洗涤、吸收煤气中的 H_2S、HCN 等物质，脱除硫化氢的煤气送至焦炉、锅炉房、粗苯管式加热炉与后续甲醇合成工序。

从脱硫塔下部流出的脱硫液经脱硫塔液封槽后进入溶液循环槽，加入 Na_2CO_3 溶液与由催化剂储槽补充滴加的催化剂溶液后，冬季用溶液循环泵抽送到溶液换热器进行加热，使溶液保持在 30～35℃，进入再生塔再生。自空压站来的压缩空气与脱硫富液由再生塔下部并流入再生塔，对脱硫液进行氧化再生，再生后的脱硫贫液返回脱硫塔塔顶喷淋。非冬季时，溶液循环泵抽送的脱硫富液直接至再生塔再生。

从再生塔顶浮选出的硫泡沫自流入硫泡沫槽；在此经搅拌、加热、沉降分离，硫泡沫自流进入三足刮刀自动卸料离心机，生产硫膏，人工包装外售。离心机排出的清液进入低位槽，定期分析，根据结果由低位槽液下泵送至溶液循环槽循环使用，或送至锅炉房煤场做煤场喷洒用水。

催化剂的配制：由于生产中的各种损耗，需要定时补充催化剂。即将 PDS＋栲胶及新鲜水加入催化剂储槽并人工搅拌使催化剂溶解，再均匀滴加到溶液循环槽。

碱液的配置：纯碱配制为一天一次，配料容器为配碱槽，加入新鲜水后，再加入纯碱用适量蒸汽加热，搅拌使其溶解，用碱液输送泵送至溶液循环槽中，以保证脱硫液的 pH 值在 8.5～9.1。

本工段一旦出现事故时，脱硫塔内脱硫液经脱硫塔液封槽后进入事故槽，脱硫塔内低于脱硫塔液封槽溶液出口的脱硫液流入低位槽，再生塔内所有脱硫液自流入事故槽和溶液循环槽，管道内剩余液体进入低位槽。低位槽中的脱硫液用低位槽液下泵送至溶液循环槽或事故槽。

二、工艺技术指标

① 脱硫塔前煤气温度：25～30℃。
② 脱硫塔阻力：＜1000Pa。
③ 脱硫塔内煤气 H_2S 含量：＜20mg/m³。
④ 脱硫循环溶液温度：25～35℃。
⑤ 溶液循环量：约 1000m³/h（单塔）。
⑥ 再生塔进空气流量：约 1500m³/h（单塔）。
⑦ 脱硫循环溶液泵出口压力：≥0.5MPa。
⑧ 再生塔进空气压力：≥0.5MPa。
⑨ 泡沫槽加热温度：45～60℃；加热蛇管管内压力：≤0.5MPa。
⑩ 泵轴承温升：＜60℃；电动机温度：＜60℃。
⑪ 脱硫循环液：pH 值，8.5～9.1；催化剂，约 40mg/m³；Na_2CO_3，10～20g/L；总

碱度，30~40g/L；悬浮硫，<1.5g/L；PDS，$(8\sim10)\times10^{-6}$；副盐，<250g/L。

⑫ 离心机：生产能力，约450kg/h；入离心机硫泡沫温度，45~60℃；工作压力，1~1.5MPa。

三、岗位职责

① 在班长和工段长的领导下负责本工区的生产操作，设备维护保养，环境保护，定置管理及清洁文明建设。

② 负责溶液脱硫塔、再生塔、溶液循环泵、换热器、低位槽液下泵，碱液输送泵，各槽的操作和维护保养工作。

③ 负责脱硫液，催化剂配制添加工作，负责生产操作指标的记录分析和调整工作。

④ 负责产品的包装、计量工作。

⑤ 负责离心机的运行操作。

⑥ 认真巡回检查，杜绝"跑、冒、滴、漏"，发现问题及时处理并及时汇报。

⑦ 负责溶液的配置和输送工作，调整脱硫液组合满足指标要求。

四、正常操作

1. 溶液循环系统的正常操作

① 随时检查，调整各槽液位，保证液位正常，水泵不吸空、不溢槽。

② 调节各泵流量，压力在规定范围，根据工艺要求调整流量压力。

③ 巡检各泵运行情况、运转声响、振动情况、轴承润滑、温度，电动机电流、温度，冷却水系统是否正常，发现问题及时处理。

④ 经常巡检各自调阀的工作情况。

⑤ 做好备用泵盘车检查工作，记录盘车检查情况，确认备用泵处于良好备用状态。

2. 脱硫再生系统的正常操作

① 观察脱硫塔塔阻变化，再生塔再生情况，再生塔泡沫浮选情况。

② 检查脱硫塔喷洒情况、溶液量，及时调整液位调节器及泵流量，压力符合技术规定。

③ 稳定再生塔操作，保持压缩空气量，使脱硫液再生良好。

④ 保持再生塔合适液位，使出现的硫泡沫层相对稳定，硫泡沫连续溢流，不得积累。

⑤ 根据脱硫塔后 H_2S 含量情况，脱硫液组成情况，及时调整溶液情况，加碱使溶液碱度合适，调整催化剂滴加量，控制脱硫液组成符合规定。

⑥ 经常巡检各煤气水封排液情况，保证排液畅通。

⑦ 检查辅助运行装置的运行情况，检查管道是否畅通，有无堵塞和溢流问题。

3. 硫泡沫槽离心机的正常操作

① 经常巡检泡沫槽搅拌器工作情况，及泡沫槽接收情况，应保持一槽收料，一槽出料，以方便观察泡沫生产情况和泡沫浆液处理情况。

② 经常检查离心机运行情况，接料及下料是否均匀，离心机工作压力是否稳定。

③ 经常检查离心机及电动机运行情况，电流、轴承温度是否正常，定期加润滑脂。

④ 检查离心机离心效率，产品硫膏的质量，及时调整离心机。

⑤ 连续将泡沫槽、离心机分离溶液送至低位槽。

五、开、停工操作

1. 脱硫再生系统的开工操作

（1）开工前准备工作

① 确认所需水、电、汽、仪表等具备开工条件。

② 检查各设备管道、阀门完好，溶液储槽溶液准备好，催化剂、碱液等原料准备充足，煤气管道各水封槽已注满水。

③ 设备、管道打压冲洗完毕，设备、管道内部积水已排空，冷却水、新鲜水管道畅通。

④ 通知各相关单位，做好开工准备。

（2）脱硫塔开工

① 确认有关设备、管道阀门、煤气水封、液封槽、U 形管水封液面指示正常，脱硫塔底液位在约 2500mm。

② 打开塔顶部放散管阀门。

③ 打开塔体蒸汽吹扫阀，用蒸汽赶空气，待放散管冒出大量蒸汽后，关小蒸汽阀。

④ 微开煤气进口阀向塔内通煤气，同时关闭蒸汽阀，待放散管冒出浓煤气后，取样做爆破试验合格后，关闭塔顶放散。

⑤ 全开塔出、入口煤气阀，慢慢关闭煤气交通阀，注意压力变化，使煤气顺利通过脱硫塔。

（3）再生塔的开工

① 检查本岗位所属设备、管道、仪表、阀门，确认灵活好用。通知相关岗位准备开工。

② 启动溶液循环泵，确认系统形成如下循环路线：

溶液循环槽→溶液循环泵→换热器→再生塔→U 形管水封→脱硫塔→脱硫塔密封槽→溶液循环槽

③ 通知空压站送压缩空气，缓慢打开压缩空气阀，使压缩空气和溶液并流进入再生塔，调整压力、流量为设定指标。

④ 调节再生塔顶液位调节器，使再生塔的硫泡沫正常满流，确保硫泡沫连续溢流且不带出清液，通知离心机工打开泡沫槽接收硫泡沫。

⑤ 调节循环溶液温度、压力、流量等指标符合规定，取样分析溶液组成，根据分析结果补充碱液、催化剂，使其符合要求，确保脱硫效率。

2. 脱硫再生系统的停工操作

（1）脱硫塔的停工操作

① 通知相关岗位准备停脱硫塔，注意煤气压力变化。

② 打开煤气交通阀，缓慢关闭煤气出、入口阀门。

③ 继续维持溶液再生和循环 2h，使脱硫溶液中硫浮选干净。

④ 临时停工，塔内溶液不放空，长期停工将塔内、管道内溶液放空，开塔顶放散，用蒸汽吹扫塔内煤气，将塔内煤气赶净。

（2）再生塔的停工操作

① 停止加入催化剂补充液。

② 当脱硫溶液中的硫浮选干净后，停压缩空气，停溶液循环泵。

③ 长期停工将塔内、管道内溶液放至事故槽，并用蒸汽吹扫全部设备及管道。

3. 溶液循环泵的开、停、倒换操作

(1) 开泵操作

① 检查设备前后管道是否畅通，阀门灵活好使，仪表、电器、润滑油位、储槽液位、接地、安全罩等都正常，方可进行开泵操作。

② 手动盘车灵活，防护罩按好，打开冷却水阀，冷却水系统循环。

③ 打开泵入口阀，泵体排气阀，排气灌泵，泵体及管道内气体排净后，关闭排气阀。

④ 关闭出口压力表阀，启动电机，缓慢打开压力表阀，表压指示正常后，缓慢开启出口阀，调节泵出口压力、流量符合技术要求。

⑤ 检查泵运转情况，做好记录。

(2) 停泵操作

① 通知相关岗位，做好停泵准备。

② 缓慢关闭泵出口阀，按下停机按钮，切断电源，关闭进口阀门。

③ 关闭冷却水系统，长期停车，需将泵体内、管道内液体放净。

④ 检修使泵处于良好备用状态。

(3) 倒换泵操作

① 按开泵步骤启动备用泵。

② 开启备用泵出口同时关待停泵出口，开关稳定，确保压力稳定、平稳。

③ 待停泵出口全关闭后，按停泵操作停泵，使其处于备用状态。

4. 硫回收系统开、停工操作

(1) 开工操作

① 当泡沫槽开始接硫泡沫时启动搅拌机搅拌，打开蛇管加热蒸汽。

② 当泡沫槽 A 浆液满槽后，换由槽 B 接收泡沫。

③ 检查搅拌机搅拌情况，清液分离情况。

④ 通知离心机工准备放料。

⑤ 启动离心机，打开泡沫槽放料口，开始放料。

⑥ 注意离心机运行情况、出产品质量情况、分离清液情况，及时调节使离心机符合要求。

(2) 停车操作

① 关闭泡沫槽放料阀。

② 离心机将机体内余料过滤完后，停离心机。

③ 长时间停车，应运行系统放空吹扫。

六、特殊操作

1. 突然停电

① 立即关闭泵的出口阀门，切断电源。

② 脱硫系统立即关闭进再生塔压缩空气阀门，防止溶液进入压缩空气系统。

③ 检查有无冒槽现象，视情况采取措施处理。

④ 长时间停电，按停工处理。

⑤ 询问停电原因，供电时间，做好送电后，开车准备。

2. 突然停冷却水

停冷却水，造成运行泵的泵轴及机封温度上升，短时停水，维护生产时刻注意轴承温度变化，与供水方联系及时供水。长时停水，按停工处理。

3. 突然停压缩空气

立即关闭进再生塔压缩空气阀门，防止溶液进入压缩空气系统。

4. 突然停仪表风

迅速关闭自控阀前后阀门，打开旁通阀手动调节各指标符合规定，恢复后再切换为自动。

七、岗位安全规程与设备维护保养

1. 岗位安全规程

① 脱硫液呈碱性，具有一定的腐蚀性，在上岗前一定要穿戴好劳保用品。

② 雨雪大风天气禁止上塔操作，确需上塔时，请示上级主管领导同意，采取防范措施后方可进行作业。上下爬梯，要抓好扶手，防跌滑摔伤。

③ 停工检修时，必须用蒸汽清扫后，打开上、下人孔自然通风冷却，做含氧分析合格后，方可进入设备内作业。

④ 配置与添加碱液、催化剂时，有粉尘挥发，需加强对眼睛和呼吸系统的防护。

⑤ 正常生产时，应时刻注意备储槽的液位，防止满流或抽空。

⑥ 泵在运转前，必须装好防护罩。

⑦ 严格执行消防器材管理制度，配给的消防器材和设施有人管理，保持良好使用状态，严禁随意挪动和损坏，到期更换。

⑧ 使用蒸汽加热溶液或设备时，要操作得当，预防汽锤造成设备损坏及漏气伤人。

⑨ 观察硫泡沫浮选情况及液位时，应站在人孔上风侧，预防挥发刺激性气体造成伤害。

⑩ 发现有煤气泄漏时，及时撤离现场，汇报上级领导，采取相应措施后进行处理。

⑪ 硫黄有腐蚀性，包装搬运时，注意不要沾到皮肤上。硫黄易燃、易熔，包装好的成品禁止乱堆乱放，要按规定存放。

⑫ 成品存放区严禁烟火。

⑬ 岗位安全标识要保持完整，危险位置要有明显标志。

⑭ 岗位消防水管必须保持畅通，随时可用。

2. 设备维护保养规程

① 各运行设备在启动前首先盘车，并查看附属设备及各润滑情况，存在缺陷的设备严禁投入运行。

② 50kW 以上的电动机严禁连续启动 3 次，备用泵每班盘车一次。

③ 煤气水封每班检查吹扫一次排液管，保证及时排出冷凝液。

④ 定期更换运转设备（包括泵类、减速机）润滑油，确保润滑油质合乎要求，保证油位正常。

⑤ 检查所有设备的防腐情况，定期刷漆防腐。

⑥ 控制好各溶液储槽液位，防止外溢，腐蚀设备。经常检查硫泡沫管道流动情况，泡沫槽硫沉淀情况，及时开搅拌机，防止硫沉淀堵塞管道，造成设备损坏。

⑦ 配送碱液，固态碱完全溶解后方允许开泵送液，送碱液要求低浓度连续输送，停泵

后要求清扫管道，预防碱结晶对设备堵塞和腐蚀。

⑧ 随时检查泵冷却水系统、轴承、机封温度，发现异常及时处理。

⑨ 在本区域所有阀门定期加油，确保灵活好用。

⑩ 严格执行操作规程，安全规程，控制好各项指标，确保设备正常运行。

⑪ 做好所属设备和环境清洁卫生，消除"跑、冒、滴、漏"等现象，做到文明生产。

本章小结

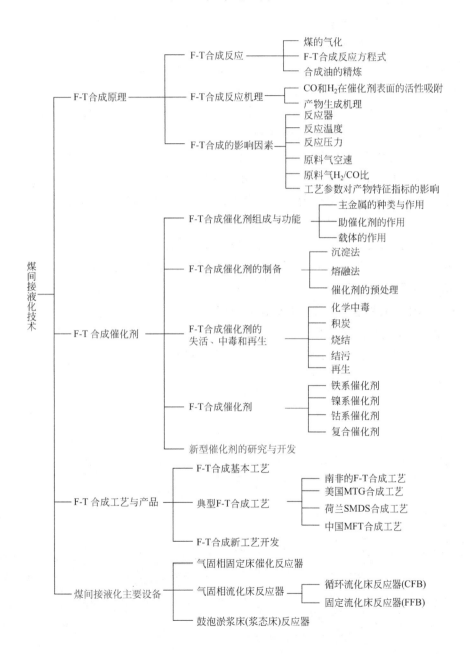

复习思考题

1. 什么是费托（F-T）合成？画出煤间接液化工艺流程。
2. 煤间接液化技术有何特点？煤间接液化工艺主要由哪几个步骤组成？各有什么作用？
3. F-T 合成主要发生哪些化学反应？
4. F-T 合成主要产品有哪些？简述表面碳化机理。
5. 影响 F-T 合成反应速率、转化率和产品分布的因素主要有哪些？
6. 简述 F-T 合成催化剂中各种不同组分的功能与作用。
7. 简述 F-T 合成催化剂的制备方法。什么是催化剂的预处理？
8. 导致 F-T 合成催化剂失活的主要因素有哪些？
9. 目前，工业上用于 F-T 合成的铁催化剂有哪些类型？沉淀铁催化剂如何制备？
10. 煤间接液化主要合成技术有哪几种？
11. 简述 F-T 合成工艺特点。工业上常见 F-T 合成工艺有哪些？
12. 传统的 F-T 合成工艺有哪些不足之处？开发成功的先进的 F-T 合成工艺有哪些？
13. 荷兰 Shell 公司的 SMDS 合成工艺分哪几个步骤？简述其工艺流程。
14. 简述 Mobil 公司 MTG 合成技术的反应原理及工艺流程。
15. MTG 流化床反应器与固定床反应器相比有哪些优点？
16. 传统复合合成催化剂的应用受到了哪些限制？沉淀铁催化剂的 MFT 合成与复合催化体系合成的结果有何不同？
17. 画出 MFT 工艺基本流程，并简述其原理。
18. 简述 MFT 合成工艺流程。
19. 典型 F-T 合成反应器有哪些？各有什么优缺点？

第四章
煤液化产物的深加工与副产物的综合利用技术

教学目的及要求 通过对本章的学习，掌握典型煤液化产物的深加工的基本原理、生产方法；了解主要设备基本结构与作用；掌握影响间接液化因素，熟悉典型工艺流程特点；了解煤液化副产物的综合利用技术现状与发展动向。

煤炭液化反应复杂，工艺多种，产物多样。另外有些工艺还有大量废气、废渣产生。因此，进行产物深加工和副产物的综合利用既能提高经济效益，也有利于环境保护。

第一节 甲醇制烯烃

甲醇是一种重要的有机化工原料和优质燃料。它是煤液化的产物或中间产物，甲醇除可以进一步加工成优质汽油外，还可以制得烯烃，甲醇制烯烃技术简称为 MTO 技术。MTO 技术最早于 1995 年由美国 UOP 公司和挪威 INEOS 公司合作开发，并在挪威建成加工能力为 0.75t/d 的 MTO 中试装置。在此基础上已有多种技术得到开发或应用，本节只介绍中科院大连化学物理研究所、中国石化集团洛阳石油化工设计院和陕西新兴煤化工科技有限责任公司共同开发并已在中国包头建成的 60×10^4 t/a 甲醇制烯烃装置的（DMTO）技术。

一、MTO 工艺原理

1. DMTO 工艺的反应机理

很多催化剂均可以催化甲醇转化，不同的催化剂所给出的甲醇转化产物差别巨大。如很多金属均可以催化甲醇分解为合成气；在碱性或部分金属催化剂上甲醇可以脱氢转化为甲醛；在酸性催化剂上，甲醇可以转化为汽油、柴油等。因此，甲醇转化是一个非常复杂的反应体系，其转化产物和转化效果强烈地依赖催化剂。

在酸性催化剂作用下，甲醇转化为烃类依然是非常复杂的反应，其中包含了甲醇转化为二甲醚的反应，和催化剂表面的甲氧基团进一步形成 C—C 键的反应和一系列形成烯烃的反应。到目前为止，甲醇转化为二甲醚的反应已经得到证实，但甲醇或二甲醚进一步转化形成第一个 C—C 键的形成机理仍不十分清楚。

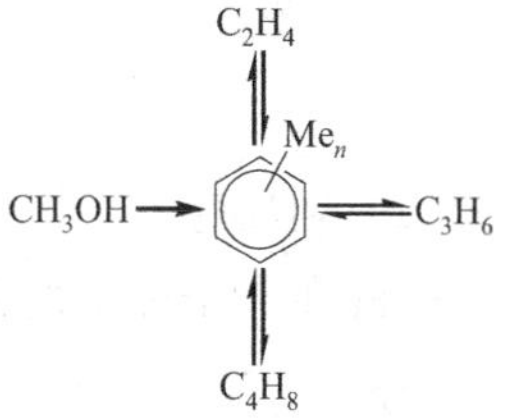

在酸性分子筛催化剂上，目前比较一致的看法是：甲氧基通过与分子筛内预先形成的"碳池"（Carbon pool）中间物作用，可以同时形成乙烯、丙烯、丁烯等烯烃，"碳池"具有芳烃的特征，反应是并行的。如图 4-1 所示。通常的新鲜催化剂中是不含有芳烃类物质的，而以富氢和氧的甲醇为原料在分子筛微孔内形成芳烃

图 4-1 碳池结构示意图

类并非易事,因此在适当的条件可以发现甲醇转化为烃类的反应存在诱导期。"碳池"一旦形成,后续的形成烯烃的反应是快速反应(毫秒级),因此,也可以实验观察到反应具有自催化的特征。

分子筛有很多类型,属于具有规整孔道结构的一类晶体物质。不同的分子筛之间的差别不仅在于组成,还在于结构类型。在大孔分子筛催化剂上,产物碳数可以高达20以上。采用小孔分子筛可以有效地扩大乙烯、丙烯和丁烯分子在分子筛孔道中的扩散差别,通过孔口的限制作用,提高低碳烯烃的选择性。

甲醇转化产物乙烯、丙烯、丁烯等均是非常活泼的,在分子筛的酸催化作用下,可以进一步经环化、脱氢、氢转移、缩合、烷基化等反应生成分子量不同的饱和烃、C_{6+}烯烃及焦炭。根据大连化物所的研究结果,甲醇、二甲醚也可以与产物烯烃分子发生耦合催化转化反应,这些耦合的反应将比烯烃单独的反应更容易发生,形成复杂的反应网络体系。上述这些构成了DMTO工艺的副反应。DMTO工艺中采用了专用催化剂,最大限度地降低了副反应。

根据大连化物所的研究结果,在专用催化剂的作用下,主要的反应途径如图4-2所示。

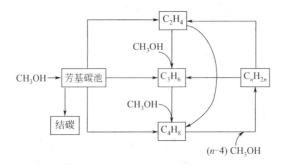

图4-2 MTO主要反应途径示意图

① 甲醇在催化剂中形成"碳池"引发反应,甲醇与"碳池"作用并行地产生乙烯、丙烯、丁烯等小分子烯烃;反应过程中"碳池"逐渐转化为结炭;

② 所生成的小分子烯烃在酸催化剂的作用下可以发生聚合反应形成较大的烯烃,而较大的烯烃在合适的反应条件下也可以发生裂解反应,转化为小分子产物;

③ 小分子烯烃也可以通过与甲醇的烷基化反应,转化为多一个C原子的烯烃;

④ 上述反应同时存在,与反应条件密切相关。

2. 甲醇制取低碳烯烃的反应方程式

(1) 主反应

$$2CH_3OH \longrightarrow CH_3OCH_3 + H_2O \tag{4-1}$$

$$CH_3OH \longrightarrow C_2H_4 + C_3H_6 + C_4H_8 \tag{4-2}$$

$$CH_3OCH_3 \longrightarrow C_2H_4 + C_3H_6 + C_4H_8 \tag{4-3}$$

(2) 副反应

甲醇在分子筛上的催化转化反应,副反应极多,下面列出一些主要的副反应。

甲醇、二甲醚的副反应:

$$CH_3OH \longrightarrow CO + 2H_2 \tag{4-4}$$

$$CH_3OH \longrightarrow CH_2O + H_2 \tag{4-5}$$

$$CH_3OCH_3 \longrightarrow CH_4 + CO + H_2 \tag{4-6}$$

$$CO + H_2O \longrightarrow CO_2 + H_2 \tag{4-7}$$

$$2CO \longrightarrow CO_2 + C \tag{4-8}$$

烯烃的副反应（低聚）：

$$C_2H_4 \longrightarrow C_4H_8 \longrightarrow \cdots \cdots \longrightarrow C_nH_{2n}(C_nH_{2n}:低聚物) \tag{4-9}$$

$$C_3H_6 \longrightarrow \cdots \cdots \longrightarrow C_nH_{2n+2} \tag{4-10}$$

$$C_4H_8 \longrightarrow \cdots \cdots \longrightarrow C_nH_{2n+2} \tag{4-11}$$

烯烃的双分子氢转移反应（形成二烯烃、炔烃、环状烃、芳烃）：

$$C_nH_{2n} + C_mH_{2m} \longrightarrow C_2H_{2n+2} + C_mH_{2m-2} \tag{4-12}$$

$$C_2H_{2n} + C_mH_{2m-2} \longrightarrow C_nH_{2n+2} + C_mH_{2m-4}(C_mH_{2m-2}:炔烃、二烯烃) \tag{4-13}$$

$$C_2H_{2n-2} + C_mH_{2m-2} \longrightarrow C_nH_{2n} + C_mH_{2m-4} \tag{4-14}$$

$$C_nH_{2n} + C_mH_{2m-4} \longrightarrow C_nH_{2n+2} + C_mH_{2m-6}(m \geq 6\ C_mH_{2m-6}:芳烃) \tag{4-15}$$

上述副反应中，式（4-4）～式（4-8）的反应具有金属催化的特征。因此要求反应体系中严格限制过渡金属离子的引入。其他副反应则属于酸性催化的特征，但对催化剂的酸性要求及催化中心的空间要求与主反应有所差别。DMTO专用催化剂的研制已经充分考虑到通过酸性和结构各个方面的调节限制副反应。但是，如果长期运转过程中在催化剂上引入了金属离子（特别是碱金属、碱土金属离子），必然引起催化剂酸性甚至结构的变化，造成主反应能力的降低和副反应的增加，并且这种变化是不可逆和不可再生的。

DMTO专用催化剂的研制已经充分考虑到通过酸性和结构各个方面的调节限制副反应，但是，如果长期运转过程中在催化剂上引入了金属离子（特别是碱金属、碱土金属离子），必然引起催化剂酸性甚至结构的变化，造成主反应能力的降低和副反应的增加，并且这种变化是不可逆和不可再生的。

3. 甲醇转化为烯烃的反应特征

（1）酸性催化特征　甲醇转化为烯烃的反应包含甲醇转化为二甲醚和甲醇或二甲醚转化为烯烃两个反应。前一个反应在较低的温度（约200℃）即可发生，生成烃类的反应在较高的反应温度（>300℃）。两个转化反应均需要酸性催化剂。通常的无定形固体酸可以作为甲醇转化的催化剂，容易使甲醇转化为二甲醚，但生成低碳烯烃的选择性非常低。

（2）高转化率　以分子筛为催化剂时，在高于400℃的温度条件下，甲醇或二甲醚很容易完全转化（转化率100%）。

（3）低压反应　反应原理上，甲醇转化为低碳烯烃反应是分子数量增加的反应，因此低压有利于提高低碳烯烃尤其是乙烯的选择性。

（4）反应强放热　在200～300℃，甲醇转化为二甲醚的反应热为-10.9～-10.4kJ/mol甲醇，-77.9～-75.3kcal/kg甲醇。在400～500℃，甲醇转化为低碳烯烃的反应热为-22.4～-22.1kJ/mol甲醇，-167.3～-164.8kcal/kg甲醇。反应的热效应显著。

（5）快速反应　甲醇转化为烃类的反应速率非常快。根据大连化物所的实验研究，在反应接触时间短至0.04s便可以达到100%的甲醇转化率。从反应机理推测，短的反应接触时间，可以有效地避免烯烃进行二次反应，提高低碳烯烃的选择性。

(6) 分子筛催化的形状选择性效应　低碳烯烃的高选择性是通过分子筛的酸性催化作用，结合分子筛骨架结构中孔口的限制作用共同实现的。对于具有快速反应特征的甲醇转化反应的限制，会造成副产物增加，同时使催化剂结焦。结焦的产生将造成催化剂活性的降低，反过来又对产物的选择性产生影响。

二、主要影响因素

以小孔 SAPO 分子筛为活性基质，经过改性，添加粘接剂，喷雾干燥成型及适当温度焙烧后，即为适用于流化床用的二甲醚或甲醇高选择性转化为低碳烯烃的催化剂：D803C-Ⅱ01。利用该催化剂，对反应、再生的主要影响因素及其变化规律进行了总结。这些影响因素如下。

(1) 反应温度　甲醇转化率（转化率定义为：转化的甲醇或二甲醚占原料甲醇的百分数，计算中以二甲醚物质的量换算为甲醇。即认为二甲醚也算做原料）和产物低碳烯烃的选择性对反应温度非常敏感。一般地，反应温度低于 400℃，不能保证甲醇接近完全转化，此时乙烯＋丙烯选择性较低。反应温度高于 400℃时，随着反应温度升高，乙烯选择性逐渐升高，丙烯选择性逐渐下降；乙烯＋丙烯选择性在 425℃左右达到接近最大值，再升高反应温度乙烯＋丙烯选择性基本保持不变。图 4-3 示出了上述变化趋势。

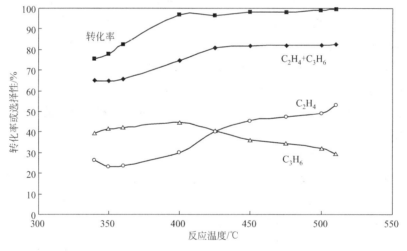

图 4-3　转化率和烯烃选择性随反应温度的变化关系

(40%甲醇原料，反应接触时间 0.5～0.7s，甲醇空速 1.5～2h^{-1})

(2) 反应压力　甲醇转化为低碳烯烃和水的反应是分子数增加的反应，因此，提高反应压力将降低低碳烯烃的选择性，降低甲醇原料在反应体系的分压，将有利于提高低碳烯烃选择性。一般反应压力每增高 0.1MPa，会造成 1%～2%的乙烯＋丙烯选择性降低。DMTO 工艺要求反应总压力不大于 0.2MPa（G）。

(3) 催化剂停留时间　DMTO 催化剂在反应过程中会产生结焦，这些结焦逐渐累积在催化剂表面或分子筛微孔中，一方面造成催化活性的逐步丧失，另一方面会使催化剂的选择性逐渐提高，这是互为矛盾的两个方面。为了达到最佳选择性和降低结焦产率，DMTO 工艺要求催化剂在反应床层有一定的停留时间。在设计基础条件下,推荐的催化剂停留时间为 55min。

催化剂在反应床层的停留时间对低碳烯烃选择性非常敏感,操作中应予重点保障。

(4) 催化剂与物料接触时间　甲醇转化为低碳烯烃的反应,在专用催化剂作用下,是一个极快的反应。根据反应机理,催化剂与原料接触(反应时间)越短,越有利于提高低碳烯烃的选择性。一般地,在良好的流化条件下,接触时间大于 0.2s 均能保证反应转化率接近 100%,但反应接触时间从 0.6s 增大至 3s,会造成乙烯+丙烯选择性降低 3%～5%。

通常缩短反应时间与增大空速有一定的联系。D803C-Ⅱ01 催化剂具有适应大空速操作的特点。这一特点可容许实际过程中以较大的原料空速操作,减小设备规模,节省投资和操作费用。推荐的空速为(WHSV)$5h^{-1}$,在进料量稳定和保障反应接触时间的前提下,空速即为定值,可适当偏离设计值。

(5) 催化剂结焦　催化剂结焦是造成其失活的主要原因。甲醇转化为低碳烯烃的反应,在以分子筛为催化剂时不能避免结焦的产生。但是,通过优化工艺条件可以减少结焦,降低焦炭产率,提高原料利用率。一般地,在 DMTO 工艺的操作范围内,催化剂上的焦炭量随着催化剂在反应床层的停留时间或醇/剂比(单位时间进料甲醇重量与催化剂循环量之比)增加而增加(图 4-4);反应的焦炭产率则随着催化剂停留时间或醇/剂比的增加而有所降低(图 4-5),但催化剂停留时间过长或醇/剂比过高,会使反应转化率降低。另外,应当认识到,催化剂结焦也有其有利的一面,即催化剂表面适当结焦可以一定程度地改善低碳烯烃选择性,降低反应的焦炭产率,本工艺催化剂再生定碳为 7.5%(催化剂结炭量)。DMTO 工艺的主要操作参数的设定,已经综合考虑了结焦的各方面影响,是工艺优化的结果,不应随意改动。

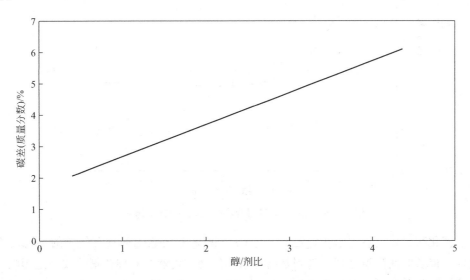

图 4-4　催化剂碳差与醇/剂比的变化关系(460～480℃)

(6) 催化剂再生条件　再生是恢复催化剂活性的必要手段。DMTO 工艺中,催化剂再生采用流化反应方式进行,失活后的催化剂通过与空气接触烧除催化剂上的部分结炭。因 DMTO 催化剂对再生催化剂定碳有特殊要求(本工艺催化剂再生定碳要求 2%),因此必须

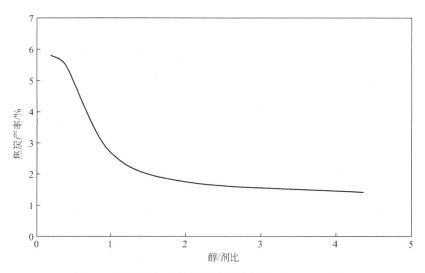

图 4-5 焦炭产率与醇/剂比的变化关系（460～480℃）

严格控制再生条件，以达到定碳的要求。再生温度对催化剂烧焦是敏感的。再生温度太高，将会对催化剂性能产生不可逆的影响，降低催化剂选择性。推荐的再生温度为＜650℃。图 4-6 给出了 600℃再生温度时，催化剂再生定碳与再生时间的关系。

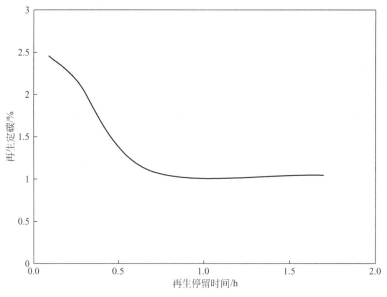

图 4-6 催化剂再生时间与再生定碳的关系（600℃）

（7）催化剂热稳定性、水热稳定性　D803C-Ⅱ01 专用催化剂具有优异的热稳定性和水热稳定性。但长时间高温处理，特别是高温水蒸气处理仍然会对催化剂造成一定影响，这些影响将体现为催化剂活性降低和选择性变化。因此，实际操作过程中，在保障催化剂定碳要求的前提下，应尽可能采用缓和的条件。综合考虑各因素，推荐的再生温度为＜650℃。

图 4-7 示出了经受 100h 左右水蒸气处理（800℃）过程中催化剂的物性变化。

（8）气体离开催化剂密相床后的停留时间对产品分布的影响　根据模拟试验，气体离开催化剂密相床后，在沉降段与催化剂长时间接触，对气体组成会产生一定的影响，主要原因

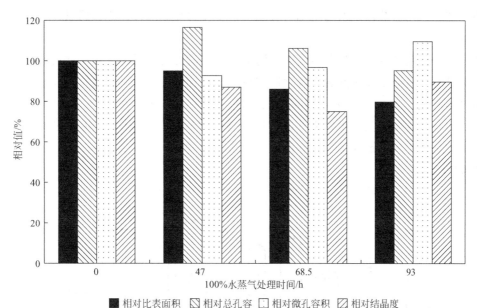

图 4-7 D803C-Ⅱ01 催化剂经 800℃长时间后的物性变化
100%水蒸汽处理过程中的物性变化

是低碳烯烃在催化剂作用下的二次反应。如反应接触时间为 20s 时，在沉降段与相当于 10%密相藏量的催化剂接触，可造成 1%~3%的乙烯+丙烯选择性降低；在沉降段与相当于 20%密相藏量的催化剂接触，可造成 3%~5%的乙烯+丙烯选择性降低；同时造成乙烯/丙烯比例明显下降。

(9) 预热器材质的影响　甲醇是非常活泼的化学品，高温条件下，金属材质可能造成甲醇分解。根据模拟试验，1Cr18Ni9Ti 钢材在 450℃以下对甲醇造成的副反应造成的甲醇转化率小于 0.3%，500℃小于 0.5%。

(10) 反应气中含部分烟气的影响　微量的烟气对反应本身的影响也是微量的，即对甲醇转化率和低碳烯烃选择性的影响并不显著。但是，烟气的存在，特别是烟气中的氧的存在会造成产品中炔烃、二烯烃的增加，同时也可能形成新的含氧化合物。由于这些产品是微量的，虽然变化的绝对值并不大，但其相对变化幅度一般较大。以聚合级乙烯、丙烯为中间产品时，需要对低碳烯烃产品进行严格精制。因此，应限制进入反应体系中的氧气量，以控制上述微量产品的变化幅度。

烟气进入反应器的主要原因是催化剂再生后的汽提效率改变。因此，应严格按照设计的汽提条件进行操作。

三、MTO 装置生产工艺

1. 装置简介

MTO 装置甲醇制烯烃单元包括反应再生区、急冷汽提区、热量回收区。

反应再生区主要包括进料系统、反应再生系统和主风系统。进料系统采用气相进料的方式，从界区外来的 MTO 级液相甲醇经加热气化和过热后进入反应器进行反应；反应产物三级旋风分离器回收夹带的少量细粉合并后送急冷水塔，反应再生系统采用循环流化床和不完全再生工艺；主风系统设置两台电动离心式主风机提供足够的再生烧焦用风，两台主风机一开一备。

急冷汽提区包括主要包括急冷塔、水洗塔和污水汽提塔。反应系统来的反应气经急冷水洗塔脱除过热和洗涤催化剂并将大部水冷却后送烯烃分离装置供分离精制；在急冷水洗系统冷凝下来的水经污水汽提塔回收少量甲醇、二甲醚等有机物进行回炼。

热量回收区主要包括再生器内外取热器、CO焚烧炉和余热锅炉，主要作用是回收催化剂再生烧焦过程中产生的热量并发生蒸汽。

2. 工艺流程说明

DMTO装置甲醇制烯烃工艺流程如图4-8所示。

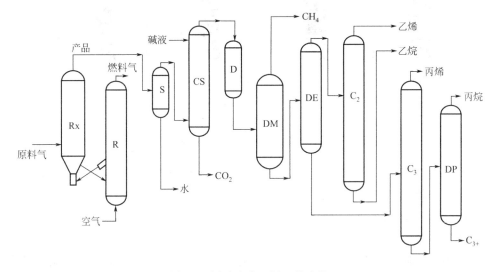

图 4-8 甲醇生产乙烯工艺流程

Rx—反应器；D—干燥器；C_3—丙烯分离器；R—再生器；DM—脱甲烷塔；DP—脱丙烷塔；
S—分离器；DE—脱乙烷塔；CS—碱洗塔；C_2—乙烯分离塔

（1）反应-再生系统　来自装置外的甲醇经反应器内取热器、甲醇-净化水换热器和甲醇-凝结水换热器（一）换热到100℃，然后分为三路：第一路经甲醇-汽提气换热器换热；第二路经甲醇-蒸汽换热器换热，使甲醇气化；第三路由甲醇升压泵升压后经雾化喷嘴雾化，与前两路气化后的甲醇在甲醇-反应气换热器前混合，然后进入甲醇-反应气换热器，与来自反应器的高温反应气充分换热以回收高温位热量，甲醇换热到250℃左右进入反应器进料分布管。甲醇-反应气换热器前部设有甲醇-凝结水换热器（二）以微调甲醇进料温度（正常不用）。在反应器内甲醇与来自再生器的高温再生催化剂直接接触，在催化剂作用下迅速进行放热反应，反应气经两级旋风分离器除去携带的大部分催化剂后，再经反应器三级旋风分离器除去所夹带的催化剂后引出，经甲醇-反应气换热器换热到约277℃后送至后部急冷塔。

由反应气三级旋风分离器回收下来的催化剂进入废催化剂储罐，经卸剂管线进入废催化剂罐。

反应后积炭的待生催化剂进入待生汽提器汽提，待生汽提器设有三个汽提蒸汽环管，用于汽提待生催化剂携带的反应气，汽提后的待生催化剂经待生滑阀后进入待生管，在氮气的输送下进入再生器。在再生器内与主风逆流接触烧焦后，再生催化剂进入再生汽提器汽提，再生汽提器设有三个汽提蒸汽环管,用于汽提再生催化剂携带的烟气,汽提后的再生催化剂经再生滑阀后进入再生管,在 1.0MPa 蒸汽的输送下进入反应器。再生后的烟气经两级旋风分离器除去携带的大部分催化剂后,再经再生烟气三级旋风分离器和再生烟气四级旋风分离器除去所夹带的催化剂,经双动滑阀、降压孔板后送至 CO 焚烧炉、余热锅炉回收热量后,由烟囱排放大气。

再生器烧焦所需的主风由主风机提供。装置设有两台离心式主风机,一开一备。

本单元设有两个辅助燃烧室,其中再生器辅助燃烧室用于开工时烘再生器衬里及加热催化剂,正常时作为主风通道,反应器辅助燃烧室用于开工时烘反应器衬里。装置另设有一台开工加热炉,为开工初期甲醇预热提供热量。

由于甲醇制烯烃反应是放热反应,反应器的过剩热量由内取热器取走,取热介质为甲醇原料。再生器的过剩热量由内、外取热器取走。

(2) 急冷、汽提系统 经过热量回收后,富含乙烯、丙烯的反应气进入急冷塔下部,急冷塔内设有 14 层人字挡板,反应气自下而上与急冷塔顶冷却水逆流接触,洗涤反应气中携带的少量催化剂,同时降低反应气的温度,急冷水自塔底分两股抽出,一股急冷水经急冷塔底泵升压后分成两路,一路送至烯烃分离单元作为低温热源,以减少烯烃分离单元蒸汽用量,经换热后返回的急冷水再经急冷水干式空冷器冷却到约 60℃后,一部分急冷水作为急冷剂返回急冷塔,另一部分送至装置外(正常不开)。另一路未经换热的急冷水直接进入沉降罐。另一股急冷水经急冷水旋液泵升压后进入急冷水旋液分离器,除去急冷水中携带的催化剂,急冷水清液由旋液分离器顶部排出返回急冷塔,其余急冷水携带绝大部分催化剂由旋液分离器底部排出送至污水罐。

经过急冷后的反应气经急冷塔顶进入水洗塔下部,水洗塔内设有 18 层浮阀塔盘,塔底设有隔油设施。反应气自下而上经与水洗水逆流接触,降低反应气的温度,水洗塔底水抽出后经水洗塔底泵升压后分成两路,一路进入水洗水过滤器,过滤除去水洗水中携带的催化剂后,和来自烯烃分离装置的产品气压缩机一段凝液、产品气压缩机二、三段凝液和烯烃单元水洗水混合后进入沉降罐。另一路水洗水送至烯烃分离单元丙烯精馏塔底重沸器作为热源,换热后经水洗水干式空冷器和水洗水冷却器(一)冷却至 55℃后再分为两路,一路进入水洗塔中部第 10 层塔盘,另一路经水洗水冷却器(二)冷却至 37℃,进入水洗塔上部第 18 层塔盘。由塔底隔油设施分离出的少量汽油经水洗塔底汽油泵抽出后送至烯烃分离单元。水洗塔顶反应气正常工况下送至烯烃分离单元产品气压缩机入口,事故状态下送至火炬管网。

从水洗塔底部抽出的水洗水中含有微量的甲醇、二甲醚、烯烃组分和催化剂,需进行汽提回收。沉降罐沉降后的污水,经污水汽提塔进料泵升压,再经污水汽提塔进料换热器换热后进入污水汽提塔第 41 层塔盘。污水汽提塔自上而下设有 52 层高效浮阀塔盘。污水汽提塔底设有两台污水汽提塔底重沸器,污水汽提塔底重沸器采用 250℃、1.1MPa(G) 低压过热蒸汽作为热源,其蒸汽凝结水经凝结水罐(二)、(三)后送至凝结水罐(一)与来自甲醇-蒸汽换热器的凝结水混合后,经凝结水泵升压,一起送至甲醇-凝结水换热器与甲醇换热,温度降至约 101℃后送出装置。

污水汽提塔底的净化水经污水汽提塔进料换热器、甲醇-净化水换热器、净化水干式空冷器和净化水冷却器冷却到 40℃后分两路,一路送至气化装置备煤作为补充水,另一路送至烯烃分离单元作水洗水。

污水汽提塔顶汽提气经甲醇-汽提气换热器换热、污水汽提塔顶气冷却器冷却后进入污水汽提塔顶回流罐，浓缩水（含有甲醇或二甲醚）经汽提塔顶回流泵升压，一部分作为塔顶冷回流返回污水汽提塔上部，也可一部分进入浓缩水储罐，与甲醇进料混合后，送至反应器回炼。污水汽提塔顶回流罐顶的不凝气送至反应器回炼。

（3）热工系统　再生器内设置内取热器，外部设置外取热器。正常工况下内取热器内5组肋片管和12组光管都用于产生中压饱和蒸汽，外取热器不运行。最小工况下内取热器内5组肋片管产生中压蒸汽，12组光管用于过热低压蒸汽，外取热器不运行。最大工况下，内、外取热器同时运行，产生中压饱和蒸汽。内、外取热器共用一个中压汽水分离器。

反应器内设置6组内取热盘管，最大工况下6组取热盘管全部通入甲醇溶液，用于加热甲醇原料。正常工况下运行1组取热盘管，其余5组通入甲醇气以保护内取热盘管。

自总管来的中压给水（104℃，5.5MPa）进入余热锅炉中压省煤段预热，其中供余热锅炉自产汽，其余送去内、外取热器中压汽水分离器，产生中压饱和蒸汽（257℃，4.4MPa），余热锅炉产汽与内、外取热器产汽混合后，进入余热锅炉中压蒸汽过热段过热至420℃，送入全厂4.1MPa蒸汽管网。

自装置来的再生烟气（570℃）经烟气水封罐进入CO焚烧炉，经补充空气燃烧后烟气（1258℃）进余热锅炉，依次经过余热锅炉前置蒸发段、过热段、蒸发段、省煤段温度降至157℃后排入烟囱。

事故状态时，自装置来的再生烟气经烟气水封罐直接排入烟囱。

3. 甲醇转化为烯烃的工艺特点

DMTO工艺采用SAPO-34分子筛为催化剂，反应器为循环流化床。反应-再生工艺的操作条件为：预热器出口温度为450℃，反应温度为450～600℃，反应压力为0.1MPa，甲醇单程转化率为98%，产物中$C_2 \sim C_3$总选择率可达80%。

根据甲醇转化反应的特征、催化剂的性能和前期中试研究工作特别是工业性试验阶段的研究和验证，甲醇制烯烃的DMTO工艺具有如下特点。

（1）连续反应-再生的密相循环流化反应　甲醇制烯烃专用催化剂基于小孔SAPO分子筛的酸催化特点，由于利用了该分子筛的酸性和较小的孔口直径的形状选择性作用，可以高选择性地将甲醇转化为乙烯、丙烯，同时SAPO分子筛结构中的"笼"的存在和酸催化的固有性质也使得该催化剂因结焦而失活较快。在反应温度450℃和空速$2h^{-1}$的条件下，单程寿命也只能维持数小时。因此对失活催化剂的频繁烧炭再生是必要的。综合反应的各要素，认为流化床是与催化剂和反应特征相适应的反应方式，在中试放大中和工业性试验中得到了验证。

DMTO工艺采用循环流化反应方式具有的工艺特点：

① 可以实现催化剂的连续反应-再生过程；
② 有利于反应热的及时导出，很好地解决反应床层温度分布均匀性的问题；
③ 控制反应条件和再生条件，通过合理的取热，可实现反应的热量平衡；
④ 可以实现较大的反应空速；
⑤ 反应原料可以适当含水。

（2）DMTO 专用催化剂　甲醇制烯烃专用催化剂是专门针对 DMTO 工艺所开发，不仅具有优异的催化性能、高的热稳定性和水热稳定性，适用于甲醇和二甲醚及其化合物等多种原料，也具有合适的物理性能。特别是其物理性能和粒度分布与工业催化裂化催化剂相似，流态化性能也相近，是 DMTO 工艺可以借鉴已有的流态化研究成果和成熟流化反应（如FCC）经验的基础。

（3）乙烯/丙烯比例在适当的范围内可以调节　在不改变催化剂的情况下，通过改变反应和再生条件，可以适当地调节乙烯/丙烯比例。

（4）DMTO 工艺对原料和工艺设备的特殊要求　DMTO 工艺技术采用酸性分子筛催化剂，为了保证催化剂性能的长期稳定性，对原料甲醇和工艺水中的杂质含量有明确的指标要求，以防止催化剂的中毒永久性失活。

DMTO 工艺要求较低的再生温度，以避免氮氧化物的生成。DMTO 催化剂的性能可以使得低温再生成为可能，推荐的再生温度为 550～650℃。

（5）DMTO 装置的副产水　DMTO 工艺副产水，少部分的未反应原料经汽提回收后返回反应系统，排放物经处理可以达到环保要求。

第二节　尿素的生产

煤液化过程，包括许多其他煤化工生产过程会产生大量的 CO_2，若将其排放到大气，不符合节能节排环境保护要求，必须加以合理利用。用 CO_2 生产尿素就是个合理的选择。

一、尿素的性质和用途

尿素分子式为 $CO(NH_2)_2$，分子量 60.06，结构式：$O=C\begin{smallmatrix}NH_2\\NH_2\end{smallmatrix}$　密度 $1.335g/cm^3$，熔点 132.7℃。

尿素通常为无色或白色针状或棒状结晶体，工业或农业品为白色略带微红色固体颗粒，无臭无味，呈微碱性，易溶于水、醇，不溶于乙醚、氯仿。因为在人尿中含有这种物质，所以取名为尿素。它可与酸作用生成盐，也有水解作用，在高温下可进行缩合反应，生成缩二脲、缩三脲和三聚氰酸，加热至 160℃分解，产生氨气同时变为氰酸。

医学领域：是许多医药制备的原料，皮肤科以含有尿素的某些药剂来提高皮肤的湿度。

农业领域：尿素是一种高浓度氮肥，属中性速效肥料，也可用于生产多种复合肥料。

工业应用：对于钢铁、不锈钢化学抛光有增光作用，在金属酸洗中用作缓蚀剂，也用于钯活化液的配制。

商业领域：特殊塑料的原料，尤其尿素甲醛树脂；某些胶类的原料；饲料的成分；取代盐做作防冻融雪剂，优点是不使金属腐蚀；加强香烟的气味、赋予工业生产的椒盐卷饼棕色、某些洗发剂、清洁剂的成分、急救用制冷包的成分，因为尿素与水的反应会吸热、车用尿素处理柴油机、发动机、热力发电厂的废气，尤其可降低其氧化氮、催雨剂的成分（配合盐），过去用来分离石蜡，因为尿素能形成包合物、耐火材料、环保引擎燃料的成分、美白牙齿产品的成分、染色和印刷时的重要辅助剂等用途。

二、尿素生产原理

尿素的工业生产以氨和二氧化碳为原料，在高温和高压下进行化学反应：

$$2NH_3 + CO_2 \rightleftharpoons NH_2CONH_2 + H_2O \tag{4-16}$$

反应分两步进行，首先是气态 NH_3 和 CO_2 形成液态的氨基甲酸铵，放出大量的热：

$$2NH_3(g) + CO_2(g) \rightleftharpoons NH_4COONH_2(l) \tag{4-17}$$

$$\Delta H = -100.5 \text{kJ/mol}(p=14.0\text{MPa}, t=167℃)$$

氨基甲酸铵在液相中脱水生成尿素，进行的是吸热反应：

$$NH_4COONH_2(l) \rightleftharpoons NH_2CONH_2(l) + H_2O(l) \tag{4-18}$$

$$\Delta H = +27.6 \text{kJ/mol}(t \approx 180℃)$$

这个反应只有在较高温度（140℃以上）下其速率才较快而具有工业生产意义。由于反应物的易挥发性，且尿素反应必须在液相进行，所以需在较高的反应温度下进行加压。工业生产的条件范围为 160～200℃，10.0～20.0MPa。

氨基甲酸铵脱水转化为尿素的反应是可逆的。投入的原料氨和二氧化碳部分地转化为尿素和水的液体混合物，而未反应的原料则溶解于混合液中。以二氧化碳计的转化率为 50%～70%，以氨计的转化率则更低，因为 NH_3/CO_2（摩尔比）大于2。回收利用未反应的原料是一重要问题，充分利用反应热以降低能耗，是提高生产经济性的关键。

式（4-17）也称为甲铵的生成反应，是强放热、体积缩小的可逆反应。在一定的工艺条件下，如能及时地移走反应热，甲铵的生成反应可以在瞬间达到平衡。

式（4-18）也称为尿素的生成反应，必须在液相中才能进行，是一个吸热的可逆反应。该反应进行得很缓慢，需要很长时间才能达到平衡。因此，在实际生产中，只有部分甲铵能转化为尿素。

(1) 甲铵的生成反应　甲铵的生成反应是一个体积缩小的强放热反应。根据化学反应的平衡原理，为加快反应速率使反应尽快地达到平衡，应及时移走反应生成的热及提高反应压力。在实际工业生产中，综合考虑工艺要求及设备制造费用等因素，确定反应压力为 13.5～14.5MPa，反应热是由高压甲铵冷凝器壳侧的热水及时移走生成副产品低压蒸汽。在该反应压力下，参考 NH_3-CO_2 二元气液平衡图，并综合考虑副产蒸汽量最大及满足合成塔的工艺要求（即保证有一部分 NH_3 和 CO_2 在合成塔内继续冷凝放热供生成尿素反应所需热量），确定反应温度为 140～150℃，投料 NH_3/CO_2 的摩尔比为 2.89。在这种条件下，实际上有 78%～80% 的 NH_3 和 CO_2 被冷凝成液体，冷凝后的温度为 166.6℃。

(2) 尿素的生成反应　尿素的生成反应是一个必须在液相中进行的、吸热的可逆反应。根据化学反应的平衡原理，在反应进行的过程中必须持续地供给热量，而且该反应进行地非常缓慢，不容易达到平衡。在实际的工业生产中，尿素生成反应的反应热是由未反应的 NH_3 和 CO_2 在合成塔内继续冷凝所放出的热量供给的，且反应温度越高越好。根据设备材质的耐用温度不超过 190℃，确定操作温度为 180～185℃。再根据尿素生成过程的压力平衡图,考虑到原料中4%(体积分数)的空气及惰性气体,最终确定反应压力为13.6MPa。另外,根据反应方程式,降低系统中的水含量对尿素的生成有利,但水含量也不能太低,以免循环系统的甲铵液太浓,产生结晶。因此,要合理控制高压系统中的水含量。

三、CO_2气提法制取尿素生产工艺

尿素的生产方法很多,NH_3与CO_2直接合成是应用最为广泛的生产方法。此法又分全循环法和气提法两种,其中气提法又根据气提气的不同有NH_3气提和CO_2气提两种工艺,本节主要介绍CO_2气提法生产尿素工艺。

1. CO_2气提法方法与特点

图4-9是CO_2气提法生产尿素原则流程。CO_2作为气提介质,通过气提来降低NH_3分压,使未反应的NH_3和CO_2从脲液被带出,循环反应,这就是气提过程。气提法的特点是在与合成反应相等压力的条件下,利用一种气体通过反应物(同时伴有加热),气提出来的气体冷凝为液体,这样,可使相当多的未反应的氨和二氧化碳不经降压而直接返回合成塔(物流阻力损失是需要克服的),缩短了物流的循环圈,大大减轻了中、低压循环的负荷,而且由于气提气的冷凝温度很高,能量回收利用更为完全。

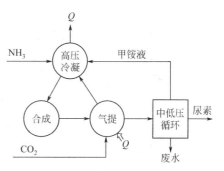

图4-9 CO_2气提法尿素生产原则流程

从循环中得到的尿素水溶液,需进一步加工,送往蒸发工序,浓缩为几乎无水的高温熔融尿素,通过造粒工序得到尿素产品。产品中缩二脲的含量小于1%,作为化学肥料是合乎要求的。对于要求缩二脲含量更低的(0.3%)尿素,将尿素水溶液通过冷却结晶的方式得到纯净的结晶,而含有缩二脲的母液返回合成,缩二脲与氨反应重又变为尿素。尿素结晶可重新融化,再行造粒,得到低缩二脲的尿素产品。

蒸发工序的冷凝液和其他工艺废液,含有少量的氨和尿素,在废液处理工序,尿素被水解为氨和二氧化碳,从液相被气提出来而返回系统,构成了生产的循环。

2. CO_2气提法制取尿素生产工艺

CO_2气提法制取尿素生产工艺如图4-10所示。具体工艺过程如下。

(1)尿素的合成 CO_2压缩机五段出口CO_2气体压力约20.69MPa(绝),温度约125℃,进入尿素合成塔的量决定系统生产负荷。

从一吸塔来的氨基甲酸铵溶液温度约90℃左右,经一甲泵加压至约20.69MPa(绝)进入尿素合成塔,一般维持进料H_2O/CO_2(摩尔比)0.65~0.70。从氨泵来的液氨经预热器预热至40~70℃进入尿素合成塔,液氨用量根据生产负荷决定,塔顶温度控制在186~190℃,进料NH_3/CO_2分子比控制3.8~4.2。

尿塔压力由塔顶减压阀PIC204(自调阀)自动控制,一般维持19.6MPa(表)物料在塔内停留时间为40min,CO_2转化率≥65%。

为防止尿塔停车时管路堵塞,设置高压冲洗泵,将蒸汽冷凝液加压到19.6~25.0MPa送到合成塔进出口物料管线进行冲洗置换。

130　煤液化生产技术

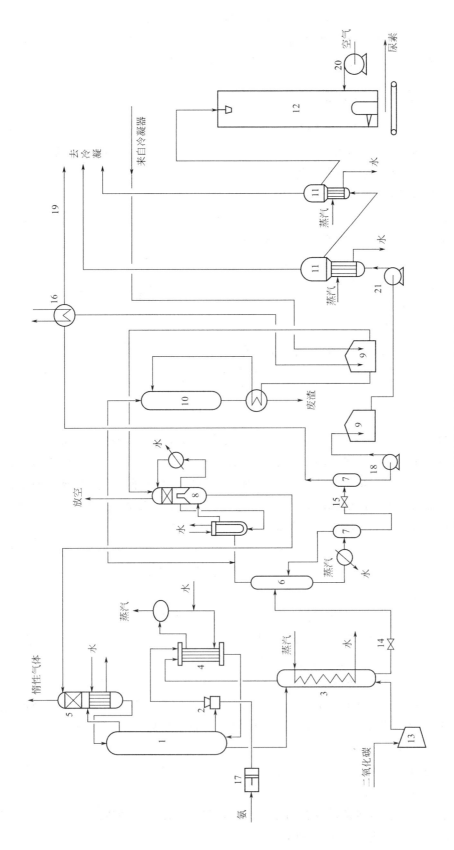

图 4-10　二氧化碳气提法尿素生产流程

1—合成塔；2—喷射泵；3—气提塔；4—高压甲铵冷凝器；5—洗涤器；6—精馏塔；7—闪蒸罐；8—吸收塔；9—贮罐；10—解吸塔；11—蒸发器；12—造粒塔；13—压缩机；14—闸阀；15—其他阀门；16—其他换热器；17—往复泵；18—其他类泵；19—化工管路；20—风机；21—离心类型泵

(2) 中压分解　出合成塔气液混合物减压至 1.77MPa（绝）进入预分离器，合成液中的氨大部分被分离闪蒸出来，通过气相管道进入一吸外冷却器，液相进入预蒸馏塔上部，在此分离出闪蒸气后溶液自流至中部蒸馏段，与一分加热器来的热气逆流接触，进行传质、传热，使液相中的部分甲铵与过剩氨分解、蒸出进入气相，同时，气相中的水蒸气部分冷凝降低了出塔气相带水量。

出预蒸馏塔中部的液体进入一分加热器，经饱和蒸汽加热后，出一分加热器温度控制在 155～160℃，保证氨基甲酸铵的分解率达到 88%，总氨蒸出率达到 90%，加热后物料进入预蒸馏塔下部的分离段进行气液分离，分离段液位由液位控制仪表摇控控制，物料减压后送至二分塔。

在一分加热器液相入口用空压机补加空气，防止一段分解系统设备管道的腐蚀，加入空气量由流量计指示通过旁路放空阀调节流量。

(3) 二段分解（低压分解）　出预蒸馏塔的液体经液位控制减压至 0.29～0.39MPa（绝），进入二分塔上部进行闪蒸，液体在填料精馏段与塔下分离段来的气体进行传质、传热，以降低出塔气体温度和提高进二分塔加热器的液体温度。

出二分塔加热物料温度为 135～145℃，该温度为自动控制，物料被加热后进入二分塔分离段进行气液分离，二分塔液位为自动控制。

(4) 闪蒸　出二分塔液体经减压阀后进入闪蒸槽，出闪蒸槽的气相与一段蒸发气相汇合后去尿素回收塔，再进入一蒸冷凝器通过闪蒸槽气相管线上的阀门控制闪蒸槽的操作压力为 340～400mmHg（绝），温度 95～100℃，在闪蒸槽液相中残余的氨和二氧化碳大部分逸入气相，尿液则进入一段蒸发器。

(5) 一段吸收　来自预蒸馏塔的一段分解气与二甲泵送来的二甲液，在一段蒸发器热能回收段混合，产生部分冷凝，放出的热量用于加热尿素溶液，出热能回收段的气液混合物与预分离器气相混合后进入一吸外冷却器底部，被循环脱盐水冷却，气体进一步冷凝，出一吸冷却器的气液混合物进入一吸塔鼓泡段，气体经鼓泡段吸收后，未吸收的部分进入精洗段，被来自惰洗器的浓氨水及来自液氨缓冲槽的回流氨进一步精洗回收，保证一吸塔出口气相温度小于 50℃，含 CO_2 小于 100×10^{-6}（体积分数）的气氨进入两个串联的氨冷器，首先进入第一个氨冷器，部分气氨在此冷凝下来流往液氨缓冲槽，出氨冷器的气体经惰洗器的防爆空间后进入氨冷凝器，在此冷凝的液氨也流往液氨缓冲槽，未冷凝的气体进入惰洗器，气体中氨被氨水泵送来的氨水吸收，出惰洗器的气体由压力控制（中压压力自调阀）送入尾吸塔。

一吸冷却器所需脱盐水由循环水泵加压后，进入一吸外冷却器顶部与气液混合物逆向进行热交换，吸收热量后，经脱盐水冷却器用循环冷却水冷却后，回到循环水泵进口，构成冷却脱盐水循环系统。

一吸塔底部液相温度在 90～95℃，由回流氨及一吸冷却器等配合调节控制，一甲液加压到 20.69MPa 后送入尿素合成塔，一吸塔液位主要通过改变二甲泵转速调节，即进一吸塔二甲液量来控制（结合尿塔的 H_2O/CO_2 摩尔比，配合二甲泵和一甲泵的转速来调节）。

(6) 二段吸收　二分塔顶部出口气体与来自解吸塔的气体混合后进入二循一冷却器，在一冷中被蒸发冷凝液泵送来的二段蒸发冷凝液吸收生成二甲液并由二甲泵送入一段蒸发热能利用段,二循一冷凝器液位通过改变加水量进行控制,未被吸收的气体由二循一冷凝器顶部出来进入二循二冷凝器底部,被蒸发冷凝液泵送来的蒸发冷凝液吸收,生成的氨水由氨水泵送往惰洗器,二循二冷凝器液位也是通过改变加水量进行控制,二循二冷凝器尾气经(低压压力调节阀)压力控制送往尾吸塔,二段循环吸收剂所用的蒸发冷凝液,是由二段蒸发冷凝液排往二表槽贮存。

(7) 尾气吸收 二循二冷出气与惰洗器减压后的尾气分别进入尾吸塔底部,来自一表槽的蒸发冷凝液经尾吸泵送往尾吸冷却器冷却到40℃后进入尾吸塔顶部,经填料层吸收尾气后,尾吸塔排出液体流至碳铵液槽,气体经放空管放空。

(8) 解吸 碳铵液贮槽来的碳铵液,由解吸泵经自调阀由流量计计量后,进入解吸换热器与从解吸塔底来的解吸废液(温度约143℃)换热后,进入解吸塔上部喷淋至填料层和从解吸塔底部上升的气体传质、传热进行解吸,气体进入解吸冷凝器,用一吸冷却器来的脱盐水冷却,控制解吸冷气相出口温度≤112℃,冷却下来的液体进入解吸塔顶部作顶部回流,控制解吸塔顶部温度≤120℃,解吸冷却器的气相通过自调阀控制其压力在0.3MPa左右后送入二循一冷气相进口,出解吸冷凝器的脱盐水经电导仪,由自调阀调节其流量后送至锅炉房,解吸废液经解吸换热器换热后外送。

解吸塔热量由解吸塔底部加入1.3MPa(绝)蒸汽直接加热,蒸汽加入量根据解吸塔工艺状况由温度控制,保证解吸废液NH_3含量≤0.07%。

第三节 煤液化残渣的利用

在煤直接液化生产过程中,无论应用那种煤炭直接液化工艺,无论采用何种固液分离方法(减压蒸馏,溶剂萃取和过滤等),都会产生占液化原煤量30%左右的液化残渣,无论是从液化整体的经济性,还是从资源利用和环境保护的角度出发,都需要对液化残渣进行转化利用。

一、残渣的成分

煤直接液化所用原料煤不同、生产方法、操作条件等的不同,都影响残渣成分构成。从不同角度研究利用,煤直接液化残渣成分构成如下。

1. 按是否能被有机溶剂溶解分

① 能够被有机溶剂溶解的组分,主要是煤中有机成分加氢形成的分子量相对较低的组分;

② 难以溶解于有机溶剂的未反应煤,包括惰质组以及在液化、蒸馏过程中形成的分子量更大的组分,如小球体及其微变形体,半焦;

③ 煤中的无机矿物质(煤灰)和加入的催化剂,部分矿物质在煤粉的研磨和液化过程中会有变化,但黄铁矿或方解石等矿物质在显微分析时较容易找到。煤液化残渣主要是煤中无机矿物质、催化剂和未转化的煤中惰性组分。

2. 按直接液化残渣中的有机质不同分

① 残油部分由分子量较低，分子结构相对简单的饱和或部分饱和的脂肪烃和芳香烃组成，如烷烃、环烷烃、氢化芳香烃等；

② 沥青烯部分是以缩合芳香结构或部分加氢饱和的氢化芳香结构为主体的复杂的芳香烃类结构，芳香结构主体与原煤结构模型中的核心单元类似，但是含有较多的支链，有些残渣结构上会有碳原子较多的正构烷烃类的支链；

③ 前沥青烯与沥青烯主体结构相同，主要是缩合芳香结构或部分加氢饱和的氢化芳香结构为主体的复杂的芳香核结构，但是芳香缩合度明显更大，支链结构比沥青烯中的支链要少。

二、直接液化残渣特性

1. 结构特性

煤直接液化残渣的结构特性主要指残渣中有机质的结构特性，分析实验结果表明其结构与原煤结构密切相关。沥青烯中保留了煤的部分分子结构特性。国内对煤直接液化残渣结构特性研究所用原料主要是神华煤的直接液化残渣，对其进行的研究表明，残油和沥青烯也保留了部分神华煤的分子结构特性。尽管煤的性质、液化工艺条件对直接液化残渣的组成和结构有很大影响。

2. 热解特性

热解过程国内连续试验结果残渣软化点一般在160℃以上，工业规模残渣的软化点在130℃以上，沸点在300℃以上。在对液化残渣进行热重分析时发现，整个热解过程一般由3个阶段组成：干燥脱气阶段、主要热分解阶段和二次脱气阶段。这与液化残渣的组成和结构特点基本吻合。原残渣从常温开始加热，会随温度的升高而逐渐变软，直至流动，随着温度进一步升高，残渣中的油分会逐渐析出，直至几乎全部析出而生成类似于炭块的固体物质，此时隔绝空气进一步加热，会形成半焦状的多孔物质。对整个热解过程中物质的质量变化进行分析，发现多孔物质主要是部分沥青烯和前沥青烯缩聚而形成的。

将残渣按溶解度不同分成几个组分分别考察其热解特性，沥青烯组分较易热解，热解过程中能生成多种轻质组分，但是在对前沥青烯进行热解质谱分析时，仅仅能获得少量的甲基萘类物质，证明了热解过程中前沥青烯是极易炭化的物质，而沥青烯具有更大的活性。从煤的液化加氢机理和残渣的热分解能力来看，残渣中各组分的热解行为与加氢行为有密切关系，热解特性一定程度上反映了其再加氢能力。即残渣中的残油和沥青烯再次加氢液化会较易进一步生成轻质组分，而前沥青烯很难被加氢。北京煤化工研究分院选取一种典型的直接液化残渣的正己烷不溶 N,N-二甲基吡咯烷酮可溶物（样品的抽提率相对较高的溶剂）为样品进行热重分析研究（实验采用 STD-Q600 同步热分析仪，N_2 氛围，流量为 100mL/min，升温速率为 10K/min，由室温加热到终温900℃），发现残渣中沥青类物质的主要失重区间是 350～550℃，失重率最高时的温度为500℃，最大失重率85%。这一可溶有机组分在一定工艺条件下进行热解聚合，能使无序的三维结构向有序的二维结构发展，形成各向异性的小球体。

三、残渣利用研究与技术开发

1. 加氢液化

由于煤直接液化的目的就是为了得到价值较高的油,因此将煤液化残渣加氢以提高油收率,增加煤液化经济效益较为直接可行的方法。在煤液化残渣和废轮胎的共加氢反应中橡胶内的芳烃化合物会促进氢原子在四氢萘间和氢气的传递,从而使油产率增加、沥青烯产率下降,同时证明轮胎中的无机物和炭黑会促进煤液化残渣中重油的加氢裂解反应,其还研究了三环芳聚物和煤液化残渣的加氢反应,认为与菲啶和苯并喹啉结构相似的物质能促进煤液化残渣的加氢。对废塑料和煤液化残渣共混氢解反应进行了考察,证明沸石催化剂及氢气氛能提高煤液化残渣转化率和油收率,同时还发现废塑料能促进煤液化残渣的加氢反应。液化残渣除灰对氢解过程有一定的影响,煤液化油对煤液化残渣加氢具有协同促进作用。

2. 溶剂萃取回收重油

由于减压蒸馏具有技术成熟,处理量大的优点,并已在石油炼制工业中得到广泛应用,所以很多煤液化工艺选择了减压蒸馏的固液分离技术。为了使残渣能顺利排出减压蒸馏装置,残渣必须有一定的流动性,一般软化点不能高于180℃,残渣中固体含量不能超过50%。减压蒸馏残渣通过甲苯等溶剂在接近溶剂的临界条件下萃取,把可以溶解的成分萃取回收,再把萃取物返回去作为配煤浆的循环溶剂,这样一来,能使液化油的收率提高5%~10%,如美国HTI工艺和日本BCL褐煤液化工艺均采用了此方法。

3. 气化制氢

在温和条件下将分可以转化成小分子油,前沥青烯最容易发生氢解反应。四氢萘为溶剂时,煤催化液化残渣中沥青质的最高转化率可达77.43%。在微型反应釜中对神华煤液化残渣进行了液化残渣加氢实验,并建立了煤液化残渣的加氢动力学模型,所建模型与实验值吻合程度高。

因液化厂需要大量的氢气,煤液化残渣用于气化制氢既能全部消耗掉残渣,又能为液化厂自身提供氢气,起到了一举两得的应用。对煤液化残渣的气化大致可以采用2种方案:一是先焦化,后气化;二是直接气化。如果固液分离的效率不高,煤液化残渣中富含未被分离的液态产物,那么这种残渣适宜于先焦化,后气化的方式,也就是说先对残渣进行热裂解,将油类液态产物分离出来,固体残焦作为气化原料。对神华煤采用改进HTI工艺生产出来的液化残渣进行了气化研究,先将残渣干馏回收部分油品,提高附加值,然后将干馏剩余的半焦和气送气化炉气化。国外对残渣的直接气化研究比较早,研究也比较深入。美国的能源研究开发署(ERDA)对3种液化工艺(H-coal,Synthoil和USSCleanCokeHy-drogenation法)得到的5种液化残渣的化学组成和物理性质,在这些结果的基础上,采用Texaco气化工艺,进行实验并确定了进料方式和气化条件,获得了合成气的收率和组成。原西德也采用Texaco煤气化技术对液化残渣的气化行为进行详细研究,实验样品包括煤—油共炼厂的固态残渣,EDS工艺残渣及液态残渣。根据不同液化工艺产生残渣物料的性质特点,选用的具体气化方式也是不同的。Koppers-Totzek气化炉由于适宜与把固体直接喷入反应器而不需要制浆,所以特别适合于处理由SRC法产生的残渣—过滤滤饼;Texaco气化装置则适合于液化残渣的气化,如可将H.Coal法产生的可泵送的减压蒸馏残渣与蒸汽和氧一起喷入在较高压力下操作的 Texaco 气化炉进行气化；而 Flexi-coking 装置则被认为是最适宜加工的 EDS 减压塔底产物的方法。在这些气化方法中，研究最多的是 Texaco 气化工艺，对于 Texaco 气化装置，不同的物料性质，需采用不同的进料方法。主要有两种进料方式：一种是与煤炭气化进料方式相同，先把残渣磨成粉，再制成水煤浆泵入气化炉；另一种是在较高温度下残渣处于流动状态，用泵加压后直接喷入气化炉。根据美国 Texaco 公司在 20 世纪 80 年代对 H. Coal 中试厂产生的液化残渣进行的气化试验，Texaco 气化炉的操作压力 3.6～4.0MPa，气化温度为 1100～1400℃；试验证明液化残渣具有高的反应性，在较低气化温度下碳转化率也可达到 97% 以上；试验证明液化残渣完全可以代替煤用于气化，残渣气化与煤的气化没有本质区别。

4. 干馏

煤直接液化的残渣中含有的沥青类物质及高沸点油类还可以通过焦化的方法进一步转化成焦炭、可蒸馏油和气体，因此，在煤液化工艺中，回收残渣中油的方法主要是焦化。20 世纪 80 年代美国 Exxon 公司曾对液化残渣进行灵活焦化验，结果发现焦化温度提高，油产率有较大提高，但气产率增加不多。利用德国 Pyrosol 工艺，通过氢气气氛下的低温焦化，可减压蒸馏得到的液化残渣中 50% 的沥青类物质转化成可蒸馏，占液化原料煤质量 20%～30%，其利用程度直接影响液化过程的热效率和经济性，因此，煤液化残渣的合理利用备受人们关注，有关残渣利用的研究主要有直接液化、焦化、燃烧、气化与碳纤维等。煤液化残渣利用。

5. 焦化

残渣中含有的高沸点油类及沥青类物质还可通煤液化残渣性质及应用研究进展全国中文核心期刊矿业类核心期刊《CAJ-CD 规范》执行优秀期刊，过焦化的方法进一步转化为可蒸馏油、气体和焦炭。德国萨尔矿业公司所属的前联邦德国煤炭液化公司（GFK）开发了 Pyrosol 两段煤液化工艺，第 1 段为加氢液化，第 2 段为加氢焦化，就是将减压残渣通过氢气氛下的低温焦化，可将 50% 的沥青类物质转化为可蒸馏油。美国 Exxon 公司在 20 世纪 80 年代曾把液化残渣进行了灵活焦化的试验，所谓灵活焦化就是利用自身产生的焦粉作为热载体的流化床焦化工艺，根据实验结果可知，焦化温度提高，油产率也有较大提高，但气产率增加不多。最近几年，煤炭科学研究总院北京煤化工研究分院对神华煤液化残渣的焦化进行了深入的研究，陈明波等人利用 40kg 炼焦试验装置探讨了用室式炼焦炉进行液化残渣直接焦化处理的基本规律，考察了残渣所得焦炭的质量及其形状，得出残渣的最佳炼焦工艺条件为：单次入炉量为 10～20kg，入炉炉墙温度 400℃，最终炉墙温度 800℃，焦饼中心温度 700℃，结焦时间 13h 左右。王彬，刘文郁等人利用小型焦炉研究了液化残渣在不同温度条件下的热态，连续进料炼焦试验，探讨了残渣以热态，连续进料方式进行工业炼焦的可能性。这样不仅省去了液化残渣冷却和破碎工艺，可以与煤液化工艺很好地衔接，同时也缩短了炼焦时间，提高了炼焦装置的生产能力。

6. 燃烧

液化残渣锅炉燃烧具有广泛的应用前景。美国 Exxon 公司曾利用固体燃料评价装置对伊利诺斯煤的液化残渣做过粉状进料的煤粉炉模拟试验，先将残渣磨成 96% 小于 0.074mm 的粉，再喷入评价装置。试验证明液化残渣有很好的火焰稳定性和负荷调节特性，而且不需要补充其他燃料,炭燃尽率可达到 90% 以上。热重技术作为一种研究燃烧性能的方法,在研究残渣的可燃性能及氧化反应性方面已有广泛应用。崔洪运用热分析技术获得了兖州煤液化残渣的燃烧曲线,并在该曲线上定义了 5 个特征温度用于考察和评价残渣性质与氧化反应性能之间的关系,结果表明:残渣的反应性除受本身有机结构和表面性质的影响之外,灰分以及液化催化剂的残留物,特别是 NaCl 对其反应性有较大的促进作用。周俊虎等人运用热失重分析仪进行了神华煤液化残渣的燃烧特性试验研究,实验表明:残渣的燃烧与煤的燃烧不同,煤的可燃成分主要是固定碳,而残渣的燃烧是两步进行的,在低温段主要是残渣中挥发性的气体急剧析出,引起燃烧失重;高温段主要是一些有机质、固定碳的燃烧失重。由于煤液化残渣含硫量高,因此研究残渣燃烧过程中硫的析出规律具有重要的意义。周俊虎等人通过研究认为煤液化残渣燃烧硫析出有 2 个明显的峰值,其析出过程与煤中硫赋存形态有很大关系,温度对硫析出影响很大。随着温度的提高,硫析出量逐渐增加,单煤及混煤燃烧时,硫析出速率都呈现典型的双峰结构。方磊等人还研究了神华煤液化残渣燃烧过程中氮的析出规律,对于有效控制残渣燃烧过程中氮氧化合物的排放具有重要意义。

7. 其他新技术研发

① 将液化残渣作为道路沥青或道路沥青改性剂。

② 把沥青质等液相重质有机物分离出来生产高附加值的炭素材料等。

③ 利用液化残渣中稠环芳烃组分和铁物种,分别经等离子体射流和直流电弧等离子体快速热解技术成功合成微米碳纤维。

④ 利用加氢后液化残渣分子在有机溶剂中的高可溶性经模板复制技术合成具有高度开放孔泡结构的泡沫碳材料,再通过化学气相沉积技术利用液化残渣中固有的铁物种为催化剂合成具有优异油水分离性能的纳米碳纤维/泡沫碳复合材料。

⑤ 通过溶剂萃取技术,提纯和分离煤液化残渣中富含的沥青烯、预沥青烯组分,经纳米复制技术合成高比表面积、高度有序的中孔碳材料。

近年来,随着煤炭直接液化产业化的快速发展,如何有效利用直接液化残渣成为重要的课题。传统的燃烧、气化、干馏焦化等方法不能有效地发挥煤直接加氢后生成重质产物的独特优势,所以对残渣在多个方面的应用都进行了研究。

本章小结

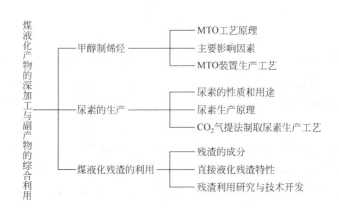

复习思考题

1. MTO 和 DMTO 是什么意思？
2. 写出甲醇制烯烃的主要反应方程？还有可能发生哪些副反应？
3. 甲醇转化为烯烃的反应特征有哪些？
4. 甲醇制烯烃主要影响因素有哪些方面？具体是怎么影响的？
5. 简述 MTO 装置生产工艺？
6. MTO 装置甲醇制烯烃单元包括哪三个区域？
7. 简述 DMTO 工艺特点。
8. DMTO 的具体工艺特点有哪些方面？
9. 简述尿素的性质和用途。
10. 写出尿素合成反应方程。
11. 影响尿素合成的因素都是什么？
12. 画出并叙述尿素合成基本工艺流程。
13. 什么是煤液化残渣？主要成分是什么？
14. 煤液化残渣有哪些利用途径？

参 考 文 献

[1] 孙启文. 煤炭间接液化. 北京：化学工业出版社，2012.
[2] 吴春来. 煤炭直接液化. 北京：化学工业出版社，2010.
[3] 孙鸿. 煤化工工艺学. 北京：化学工业出版社，2012.
[4] 许祥静. 煤气化生产技术. 第3版. 北京：化学工业出版社，2015.
[5] 应卫勇. 煤基合成化学品. 北京：化学工业出版社，2010.
[6] 郭树才. 煤化工工艺学. 第3版. 北京：化学工业出版社，2012.
[7] 贺永德. 现代煤化工技术手册. 化学工业出版社，2004.
[8] 任相坤，房鼎业，金嘉璐，高晋生. 煤直接液化技术开发新进展. 化工进展，2010，2.
[9] Speight, James G. The Chemistry and Technology of Coal. CRC. 1994.
[10] 潘利鹏. 煤化工技术的发展与新型煤化工技术探讨. 科技与企业，2013，3.
[11] 谢克昌、赵炜. 煤化工概论. 北京：化学工业出版社，2012.
[12] 舒歌平. 煤炭液化技术. 北京：煤炭工业出版社，2003.
[13] Wang Zhicai, Shui Hengfu, Pei Zhanning, Gao Sheng. Study on the hydrothermal treatment of Shenhua coal. Fuel，2008，87：527-533.
[14] 郭新乐. 煤的直接液化与间接液化技术进展. 广州化工，2011，7.
[15] 吴蓬勃. 我国煤制油技术的发展和产业前景分析. 甘肃石油化工，2010，23.
[16] 罗欣. 新型煤化工技术的应用必要及发展趋势. 化工管理，2013，22.
[17] 甘建平. 高端发展——我国煤化工产业发展的新视点. 内蒙古煤炭经济，2014，6.
[18] 中国煤炭深加工产业发展报告. 中国煤炭加工利用协会. 2013.